U0468932

世图心理

博客：http://blog.sina.com.cn/biwpcpsy
微博：http://weibo.com/wpcpsy

客体关系入门
第二版

【美】 吉尔·萨夫 大卫·萨夫 著
邬晓艳 余萍 译 施琪嘉 审

世界图书出版公司
北京·广州·上海·西安

图书在版编目（CIP）数据

客体关系入门 /（美）吉尔·萨夫 大卫·萨夫 著；邬晓艳 余萍 译；施琪嘉 审．
—2版 北京：世界图书出版公司北京分公司，2009.5（2024.5 重印）
书名原文：The Primer of Object Relations
ISBN 978-7-5062-9560-4

Ⅰ.客… Ⅱ.①萨…②萨…③邬…④余… Ⅲ.心理学 - 精神疗法

中国版本图书馆 CIP 数据核字（2009）第 035343 号

Jill S. Scharff & David E. Scharff
Simplified Chinese edition in China © 2009 Beijing World Publishing Corporation Published by agreement with the Rowman & Littlefield Publishing Group through the Chinese Connection Agency, a division of The Yao Enterprises, LLC.

客体关系入门　第二版

著者：[美] 吉尔·萨夫 大卫·萨夫
译者：邬晓艳　余　萍
审订：施琪嘉
责任编辑：李晓庆
装帧设计：刘　岩　王　健

出版：世界图书出版公司北京分公司
发行：世界图书出版公司北京分公司
　　　（地址：北京朝内大街 137 号　邮编：100010　电话：64077922）
销售：各地新华书店
印刷：河北鑫彩博图印刷有限公司

开本：787mm×1092mm　1/16
印张：17
字数：203 千
版次：2009 年 5 月第 1 版　2024 年 5 月第 11 次印刷
版权登记：图字 01-2007-4571

ISBN 978-7-5062-9560-4/C · 60　　　　　　　　　　　　定价：48.00 元

版权所有　翻印必究

前言

距我们写《萨夫笔记》已经有 10 多年了，它以《客体关系入门》为题又进行了再版。那时，客体关系理论还处于边缘地带。从那以后客体关系理论才逐渐被大家所接受。以前这一理论总是被排除在讨论的范围之外，而现在它已经成为了精神分析和家庭治疗会谈最具特色的部分。在赛克斯通 (Sexton)、威克斯 (Weeks) 和罗宾斯 (Robbins) 写的《家庭治疗手册》中，客体关系理论被列为是五种传统的治疗方法之一！再版《入门》的时候到了！该书第二版对以前的理论进行了扩展，包括了对客体关系理论的修正和澄清，及其在理论与实践方面的进展，新书名叫作《客体关系入门》。《入门》一书自成整体，从未毕业的大学生到教授心理治疗的老师，对于所有的读者来说都可以同样轻松地使用。如果你想要更深入地了解客体关系，你可以查阅每一章尾注中所给的引文，或者翻阅一下参考书目，或者阅读在参考文献中列出的更全面的文章。

受临床探究相关学科和取向的新知识的影响，客体关系理论继续发展。短程心理治疗中在临床上的调整，延伸至成人和夫妻关系的依恋理论，神经发育与情感调节的研究，躯体、性和社会创伤的临床观点，以及现代的克莱茵派观点，这些都验证了客体关系治疗的有效性并使其更加丰富。处理非线性动力系统的混沌理论原则正推动着客体关系理论进行范式改变。这些进展的效果在现今的客体关系治疗中都很明显。

我们扩展了自己对个人、夫妻及有小孩的家庭的客体关系治疗技术的描述,同时也举了更多的例子,包括通过梦来工作。我们添加了对小组情感模型的描述,用一种创新的方法来学习理论和技术,将它们内化并应用到治疗当中。我们也将移情地形包括在内。同样在这一版中我们加上了一些章节来讨论短程心理治疗、依恋理论及其临床应用,以及混沌理论,来解释我们临床思考中的进展。

我们想要这本书同时适用于正在学习理论与治疗基础的大学本科生和学习心理学、社会工作、婚姻与家庭治疗的研究生。我们希望刚进入精神科的从业者和心理学、社会工作、婚姻与家庭治疗,以及教区咨询的实习医师也能对此感兴趣。我们认为这本书对于职业疗法、艺术和其他表达疗法以及精神科护理的培训对象会非常有用。最后,我们希望对于这些大学生、研究生的老师,以及那些想要将不熟悉的客体关系理论整合进自己治疗方法的有经验的临床医师来说,本书会是一个简洁的、方便的文本资源。

来自美国偏远地区或其他国家的心理卫生专家除了书本,几乎没有其他途径能够接触到客体关系理论。当遇到问题的时候,他们也没有同事可以求助。虽然他们可能会喜欢我们的更复杂的书,但是他们也想要对一些观点进行简化和澄清,并且想要进一步讨论这些概念如何应用到他们的临床情境中。这一卷的内容来源于全国研讨会上学生们提问最频繁的问题和我们的回答。通过讲座、讨论和对话的形式,我们为他们和你重新创造了课堂,以便于帮助你们超越理论和技术当中的禁忌部分,让你们能够进入到客体关系理论和治疗中,将之作为一种思考和工作中切合实际的方法,容易理解,也能立即应用到临床实践中。

在国内和国际开设工作坊和课堂进行教学的过程中，我们也一直都在学习。但是与学生、团队和国际心理治疗机构中杰出的同事一同工作才是促使我们增加理论理解的最大推动力，该国际心理治疗机构位于马里兰的切维蔡斯，是为了给那些不能接触客体关系的学生和团体提供一个学习社区。就是在那里，我们为教授和学习客体关系理论和实践而改进了小组情感模型，运用一种模块化的设计，这样他们可以每天来参加工作坊。在参加讲座和临床案例呈现之外，参与者被分成小的情感学习小组来互相认识，通过讨论、个人和小组体验以及临床应用来整合自己在理智与情感上对理论的理解。这也为解决那些干扰我们理解的难点提供了方法，让我们内省并发生转变，这也证明了这些概念的价值。我们希望通过在第二版《客体关系入门》中分享我们的新观点能够将你纳入学习共同体当中。

我们非常感谢贾森·阿伦森出版公司 (Jason Aronson) 允许出版关于客体关系理论与实践的文章——尤其是支持我们想要出版价格合理的平装本《入门》的主意——我们也非常感谢罗曼与利特菲尔德 (Rowman & Littlefield) 出版公司员工的编辑和宣传。

我们更改了所列举的临床案例中涉及对象的可识别特征，以便保护个人背景，这样可以在不违背保密原则的基础上来全面观察其中的动力过程。对于那些个人、夫妻和家庭，我们要给予特别的感谢。我们衷心感谢心理卫生专家在研讨会上给我们的学术激励和鼓舞。他们的问题总能不断地激起我们更深的思考，并要求我们做到更为清晰和简洁。这本书不仅是为他们所写，也是为你们——对客体关系研究充满好奇的心理卫生专家和学生所写。

如何使用这本书

为了方便阅读，我们没有在书写过程中停顿并插入旁注。当我们引用一个你可能不熟悉的概念或作者的名字时，我们会在每一章后面的注解中进行简短的说明。我们在第二十五章为客体关系理论的初学者和高级学员进行下一步阅读提供了一个说明。为了指出参考材料的出处和获得的途径，我们在本书的结尾处给出了一个完整的文献书目。这一书目被分为了10个部分，来简化上进学员搜索的过程，帮助他们进一步阅读自己感兴趣的部分。这些部分包括：个人和小组的客体关系理论、客体关系理论在夫妻和家庭治疗中的应用、客体关系理论与其他治疗方法的整合、美国客体关系理论、移情与反移情、应用于个人和夫妻的自体心理学理论、弗洛伊德理论、依恋理论、混沌理论、其他相关的论文。

在这样的设计下，你可以连续地阅读，在第一次阅读的时候将这本书作为一个整体。你也可以先将参考文献统统跳过，在一章或整本书读完以后再看。想要追根溯源的读者需要在每一章末的笔记中寻找作者和日期，然后在本书结尾的文献目录中相关的部分里找到完整的注解。我们希望本书能够让你清晰、容易地理解客体关系理论。

  对于折衷主义治疗师来说，本书可以作为客体关系理论的最佳讲义来使用。它充当介绍书的作用，指导他们去阅读更深层次的书。同时，本书还推荐了客体关系理论和治疗的更广泛的阅读材料。

目录

第一部分　英国客体关系理论概念回顾　　1

　　第一章　自体与其客体　　3

　　第二章　弗洛伊德的基本概念　　11

　　第三章　从弗洛伊德到客体关系理论　　19

　　第四章　心理结构　　23

　　第五章　投射性认同与内射性认同、容纳　　37

　　第六章　抱持性环境　　45

　　第七章　位态的概念　　55

第八章	依恋理论	59
第九章	神经生物学和情感调节	65
第十章	创伤	71
第十一章	混沌理论	81
第十二章	治疗关系和移情地形	95
第十三章	与其他理论系统和临床方法的关系	103

第二部分　实践中的客体关系理念　　115

第十四章	评估的原则	117
第十五章	技术1：设定框架、公正、心理空间和对治疗师自体的使用	135
第十六章	技术2：用移情、反移情和解释来工作	149
第十七章	技术3：梦、幻想和游戏的使用	157
第十八章	短程治疗	173

第十九章	技术和理论回顾以及临床应用	179
第二十章	修通和结束	193

第三部分　运用和整合　　　　　　　　　　197

第二十一章	个体治疗与夫妻、家庭、团体、性治疗的整合	199
第二十二章	客体关系理论应用于不同症状和人群	207
第二十三章	客体关系治疗师的角色和体验	219
第二十四章	治疗能力的发展	225
第二十五章	进一步阅读指南	231

附录：参考文献　　　　　　　　　　237

第一部分

英国客体关系理论概念回顾

第一章 自体与其客体

英国客体关系理论是什么？

英国客体关系理论是一个关于人类人格的理论，是从对治疗师与患者之间的关系的研究中得出来的，并认为这种关系可以反映母婴二连体。这一理论认为，婴儿对其与母亲之间关系的体验是人格形成的原始决定因素，而婴儿对母亲的依恋需要也是婴儿期自体发展的激发因素。这是英国分析师工作的总结——这些分析师包括英国独立学派的罗纳德·费尔贝恩 (Ronald Fairbairn)、唐纳德·温尼科特 (Donald Winnicott)、哈里·冈特瑞普 (Harry Guntrip) 和米歇尔·巴林特 (Michael Balint)——并由梅兰妮·克莱茵 (Melanie Clein) 和其他克莱茵学派的成员加以扩展。独立学派和克莱茵学派的理论截然不同，并且它们分别以不同的方式从西格蒙德·弗洛伊德 (Sigmund Freud) 的心灵理论中分离出来，但在关注婴儿对母亲育养关系体验的重要性上是相似的。独立学派继承了弗洛伊德对性心理发育阶段的应用，但是不同意这些发育阶段的必然性是基于原始的本能。相反，他们认为与照顾者的关系需要是基本的驱动力，不同年龄阶段看到的具有关联性的特征是由相关需要的变迁来决定的，而不是由以性欲为基础的本能负荷所决定的。克莱茵学派则继承了弗洛伊德关于原始本能的观点，并完善了死亡本能，但是他们修改了他的性心理发展时间表。他们描述了婴儿如何运用潜意识幻想来完成源于本能的张力释放，以及幻想的过程如何创造心理结构的观点。独立学派和克莱茵学派都发展出了不同于弗洛伊德理论的人格形成理论和心理结构理论，而且互不相同。然而，这些理论可以被整合，因为两者具有共同特征，即关注生命的前三年——在分析理论中相当于俄狄浦斯前期——并且强调婴儿从母婴关系的体验中发展出来的心理结构。

什么是客体关系？

客体关系是一个内容丰富的专业术语，跨越了内心和人际两个维度。它是指人格中内在的各个部分所组成的系统，它们在自体内相互联系。这些部分在现代关系理论中也有所体现，通过现代关系理论，客体关系的原始内心表征得到了进一步的修正。内在客体和自体中的其他部分同外在客体是相互作用的，因此，在任何关系中，双方的人格都在相互地彼此影响。我们的外在关系与我们的内在心理结构也在不断地相互作用。

什么是内在客体？

内在客体是心理结构的一个部分，它形成于个人在早年生活中对重要照顾者的体验，在人格中就记录为那段早期关系留下的踪迹。不是记忆，不是表征，它是自体存在的一部分。

内在客体与外在客体有什么不同？

外在客体是指关系中的重要他人。它可以是指早期的重要他人或现在的重要他人。它与内在客体有关联，因为内在客体是基于与原始外在客体之间的体验，并通过现在对外在客体的选择而得以体现。内在客体也会通过它与现在的外在客体之间的关系而得到修改。

什么因素使得内在客体不只是一个对早年外在客体体验的直接而内在的记录？

有好几个因素。在早年与母亲的关系中，婴儿理解母亲的感受或表达的能力很有限，也很难将此与婴儿自己的感受区别开来。婴儿有限的认知能力歪曲了母亲的样子，所以已经形成的内在客体不能精确地反映外在客体。后来，随着婴儿成长发育，后一发展阶段所发生的新事物会改变婴儿对自身与外在客体之间关系的认识。于是婴儿创造了一个暂时的内在客体版本准备内化。例如，当儿童处于以自主性和控制性为发展方向的阶段时，他可以抓住外部客体或者放弃外部客体，这种能力便能够改造内在客体的组织。总的来说，以往在所有发育阶段中对外在客体的体验的积累效应将最终形成内在客体。在儿童、青少年和成年人与陌生人见面的时候，他们会期望新的关系和他们熟悉的关系相似。甚至有时事实并不真的是那样，但他们仍然把陌生人当作某个熟悉的人来交往，以此来确认新的体验是熟悉的，且不需要改变内在的客体关系。健康的新外在客体维持自身完整性所带来的压力扭转了这一趋势。因此，新的关系会让双方都有机会进一步修改他们的内在客体世界。

人格是否只是很多客体的集合？

不是。客体只是人格的一部分。婴儿天生具备了自己潜在的人格。在出生时婴儿就已经具备了一个自体，并已准备好与其将在环境当中可能找到的外在客体发生关系。在与这些外在客体的关系中，自体会成长、发育，并在对客体的体验中创造自己的心理结构。

自体是什么？

自体指的是个人在生活中所形成的总体人格。起初一个原始的、未形成的自体，通过对客体的体验逐渐充实起来。根据婴儿研究学家丹尼尔·斯特恩(Daniel Stern)的研究，婴儿从降生开始就紧张而有序地获取体验以便建立人格和对自体的感受。自体包括：（1）古老的自我概念，它就像一种执行机制，通过对动作、括约肌和情感状态的控制来调节自我控制能力，并调节与外部世界的关系；（2）内在客体；（3）通过情感（感受）绑在一起的客体和自我的某些部分，这些情感（感受）同孩子对这些客体关系的体验是相称的。

我们曾用自体这一术语来指自我与内在客体在某种独特的、动态关系中的结合，这种结合中就包含了个性，并产生一种持续且随时间推移保持相对稳定的个体认同感。

自体与客体之间的关系是什么？

自体是一个独特的心理结构，它创造了个体的同一性。当自体与其他人相互交流的时候，外在客体就是与整个自体发生联系的事物。内在客体是自体的下层结构之一。同时，在自体内还存在其他各种不同的内在客体以及部分与其相关的自我。自我及其组成部分会调节那些与自体有关的活动和感受，并且这些都会被组织进自我的亚分类当中。这些广泛的亚分类与对应的内在客体是相互关联的。这些自体的分类与相关的客体通过描述客体关系的情绪和情感被联系在一起。在不同的情感状态下就会出现不同种类的内在客体关系。

你能够定义内在客体关系吗？

内在客体关系是一个术语，它是指自我的某部分与其客体通过自我对与该客体之间关系的体验联系在一起。内在客体关系成为一个持续的，但有可能被修改的自体的一部分，它可能存在于意识当中，而如果它激发起无法忍受的焦虑，那么它可能需要被排除到意识范围之外。

现在我们有了一个关于自体的观点，认为它由意识和潜意识部分构成。客体关系理论学家认为潜意识也是自我的一部分，这与弗洛伊德的观点不同，弗洛伊德认为潜意识与自我是分离的，存在于他将之称为"本我"的那部分人格中——各种冲突密集在一起，寻求释放，并由非理性的思维过程所控制。

如果母亲不养育孩子，孩子的内在客体关系如何形成？

在著述的时候，理论学家关心的是生母或者养母在养育中对孩子的影响。费尔贝恩和温尼科特注意到，不仅母亲对婴儿的抱扶和照顾会对孩子的内在客体产生影响，而且母亲的人格也对母婴关系产生影响，而克莱茵则更关注婴儿对这一关系的幻想。他们都对父亲在孩子体验中产生的影响重视不够，通常只是将他作为母亲的伴侣。

现在，随着父亲更加积极地参与养育孩子的活动，母亲常常在外工作，以及两母两父家庭的出现，我们使用"母亲"这一术语只是用来指在婴儿的日常照料中负主要责任的那个人。这个人可能确实是母亲(生母或养母)，也可能是父亲(或其伴侣)、年长的兄弟姐妹、管家，或者更可能是他们的集合。家庭动力对年长儿童个体发育过程的影响已经由罗杰·费舍尔(Roger Shapiro)和约翰·金纳(John Zinner)进行了描述。我们需要更多的研究来了解共同养育对儿童发育的影响，以便能更精确地了解这对儿童人格方面的影响，但是到目前为止，我们可以说婴儿整合了与众多外在客体的体验，并最终形成复合的内在客体。所有这些重要的人都是彼此联系的。这些外在客体之间的关系会影响复合的内在客体和他们内在的动力关系的整合。

为什么将这一理论称为"主体关系理论"是不合适的？

一些人感到"客体关系理论"这一名称很冷酷、不人性化，他们可能更愿意将之称为"主体关系理论"。我们坚持用费尔贝恩原本使用的"客体关系"一词，这是从弗洛伊德理论的基础上发展出来的。弗洛伊德用"客体"这个词来指驱力指向的靶，并向照顾者寻求欲望的满足。在他的观点中，驱力所指向的不是人，因为驱力是非人为的力量，只寻求释放。

然而，对于我们来说，客体不是一个非人性化的事物。我们的观点是源自于费尔贝恩最初的断言——最原始的需要是对关系的需要（而不是对释放本能张力的需要），以及在孩子的成长过程中，照顾者作为依恋的客体是极其重要的（而不是驱力欲望的满足）。

为什么不将这一方法称为"人际关系理论"？

这听起来确实更人性化，但是这对于这一观点的发展历史却是不公平的，而且让一个真正的技术性问题口语化了。我们保留客体关系理论这一术语正是为了强调理论的技术部分，以及它的临床应用。

笔记

为了很好地、简明地回顾费尔贝恩（Fairbairn）（1944，1952，1954，1958，1963），温尼科特（Winnicott）（1951，1956，1958，1964，1965，1971），冈特瑞普（Guntrip）（1961，1969，1986）和巴林特（Balint）（1986）对于客体关系理论的贡献，我们建议读一读这篇文章——《英国客体关系理论学家：巴林特、温尼科特、费尔贝恩、冈特瑞普》（Sutherland，1980）。为了更好地理解克莱茵的理论（1935，1946，1948，1952，1955，1957，1975），可以看西格尔（Segal）（1964）和克莱因和里维埃尔（Klein & Riviere）

客体关系入门

（1967）的文章。弗洛伊德有关精神分析的介绍性讲座为初学者总结了弗洛伊德的著作（Freud, 1910a），而他82岁所发表的终结性研究报告则是为资深读者进行的总结（Freud, 1940）。斯特恩（Stern）（1985）和肖尔（Schore）（1994）阐述了婴儿研究对自体发展作出的贡献。金纳（Zinner）（1989）和费舍尔（Shapiro）（1972）的文章在《客体关系家庭治疗基础》（Foundations of Object Relations Family Therapy）（Scharff, 1989b）一书中被收录。

第二章 弗洛伊德的基本概念

在第三章回顾费尔贝恩关于内在客体关系的心理结构理论之前，我们必须先回顾弗洛伊德的潜意识理论和结构理论，以及精神分析中的基本概念，包括：（1）潜意识；（2）自我、本我和超我；（3）阻抗和防御。

心理地形理论

弗洛伊德最杰出的贡献是提出了人类行为是由意识范围以外的因素所决定。从他关于梦和口误的联想研究中，他得出结论：个人的某些感受和想法可以从他婴儿时期意识中对创伤的反应当中分离出来。这样的创伤可能包括恐怖事件、童年诱奸、住院治疗、丧失至亲等等。他发现潜意识的活动并不受逻辑和理智的控制，而是受到原始的、受冲动驾驭的思维的控制，我们称之为"初级过程"。弗洛伊德认为分析就是将来访者的联想追溯到他的梦境和口误，以此来重建两者之间被遗忘的连接。通过这种方法，他使得潜意识意识化，将之纳入到意识的思维形式当中，即我们称之为的"次级过程"，由理智和规则来控制，并由此来缓解婴儿式的神经症。弗洛伊德最初将心理描述为意识、前意识和潜意识三个分开的部分。这一最初的"三分法理论"被称为是"心理地形理论"。

结构理论

很多年后，弗洛伊德提出了另外一个心理的"三分法理论"。在这一理论中，他用一个结构来演示潜意识。他现在将潜意识称为是"本我"，将其想象为一口装满攻击和性驱力的大锅。为了调解无规则的本我和外在现实要求之间的矛盾，自我便在本我的混乱当中脱离产生。自我被建立为一个主要从事潜意识和意识机能的心理结构（虽然并不完全是这样）。自我包括：（1）在本我和外部世界之间进行调停的执行功能或机制；（2）积累起来的对丧失的驱力客体的认同，这种认同在人的同一性当中达到顶峰。在解决了发育当中的俄狄浦斯问题之后，孩子放弃了想要占有一个家长而杀死另一个的愿望，这时第三个结构——超我便发展了起来，它基于对父母禁止和批评的内容进行的选择性认同以及对抗性反应而形成。超我既有意识的部分，也有潜意识的部分，并指导孩子发展出道德责任。潜意识理论和结构理论没有谁比谁更高级，而是作为了解心灵的有效手段共同存在。

性心理发育理论

弗洛伊德认为婴儿由两个相对的本能所驱动。首先，弗洛伊德将之视为性本能（也称作"力比多"）——延续生命并享受性快感，以及自我保护的本能——压抑性本能来面对现实。后来他对性本能有更多的不同想法，这是因为死本能的存在，其表现对于弗洛伊德来说比较难以识别，但是他认为这一本能以毁灭和攻击的形式转化到外部世界。这些本能，或者我们现在普遍称之为的驱力，它们的目标是在其所指向的客体那里满足欲望。它们的本源是存在于心灵潜意识之中——即弗洛伊德称为的"本我"之中——活跃而难以控制的本能、冲突或驱力这些本能必须要得到控制，这样才不会失去所爱的客体。婴儿必须在发育的各个阶段放弃的、对所爱客体过度要求的部当中，而儿童的自我（自体的意识和执行功能）和超我禁忌的、指导的部分，基于对父母的功能选择性内射中形成的。弗洛伊德的案例当中显示出儿的抱持和照顾，但在他的理论形成过用。相反，他将注意力放在儿童心此发展出了以科学为基础的心的释放；（2）重复降低地后退到自体中，在到满足，这些想

性心

欲

得快乐，孩子可以自己控制是忍住，还是释放。发展到生殖器期，孩子有了生殖器的兴奋，并且会主动寻找这种兴奋，但通常会与小便时尿道的感觉相混淆。和通常一样，驱力寻求客体来满足自己所表现的欲望。母亲会很自然地训练孩子学习控制这些冲动，由此她便不仅是孩子愿望的满足者，而且也成为了他们愿望的妨碍者。在明白了不同性别的生殖器不同之后，女孩想象男孩拥有比自己更明显的阴茎，因此会有比自己更多的快乐。这是一种不快乐的起源，有时候还会引起羞耻和低自尊。此时，性心理便发展到了俄狄浦斯期。

俄狄浦斯期

小女孩产生了一种想象，自己也要有阴茎：她寻找的是最好、最大即她父亲的。孩子不愿意承认这是母亲的领域，并且想象自己可以母亲，占有父亲，为其生儿育女。女孩于是很怕愤怒的母亲会杀死她还没有出生的孩子。男孩注意到母亲对父亲很感兴趣，并且对父亲的兴趣与父亲阴茎有关。尽管在大小上不能比，男孩仍能发现自己的阴茎比父亲的更有吸引力。如果母亲没有发现，得不杀死对手——自己的父亲，因为如果父亲发现了事实死他来愤怒地报复（或至少会阉割来惩罚他想得到母亲伊德将男孩对报复的恐惧称为"阉割焦虑"。而女孩则告"，即女孩会难过，因为她已经被阉割了。

孩的女性认同的形成源于其阉割情结，即她因为没惑到自卑。他关于女性认同是一种缺陷状态的观女性心理学和儿童分析的严峻挑战。我们现在的性别认同感，在生殖器期之前很久就已经嫉妒对方拥有和自己不同的性征。当女孩己内心的缺陷或孤独感时，阉割情结和阴蒂嫉妒才会过度地表现。对女性躯体生育能力的嫉妒让男孩感到自己是不完整的。对此的一个防御便是贬低女性，增强生殖器的竞争性——这会引起女性的阴茎嫉妒——并因此转移自己对女性子宫的嫉妒。

无论是男孩还是女孩，严厉的父母的形象都作为心灵当中称为超我的那一部分被内化，作为良心来执行其功能，随着其能保持利他和道德观而逐渐成熟。随着孩子能够进行更复杂的思考，孩子意识到自己不可能获得所有东西，并且放弃被禁止的占有异性父母并杀死同性父母的欲望，而满足于成为父母双方共同的孩子。俄狄浦斯情结或多或少都会被解决，儿童心理会继续发展，进入潜伏期，这时自我和超我对抗退行的防御被加强，同时自主性和技巧形成的主题便出现了。如果不能成功应对特殊发育时期的挑战，孩子可能就会固着在那里，甚至会退行到更早的时期，而与现在的年龄不符。

俄狄浦斯情结消除的特征决定了七岁的性格结构，并作为后期心理发展的铺垫：俄狄浦斯情结相关的心理在青春期会再次出现来进行修正。那时俄狄浦斯情结被消除的程度决定了自我从旧的乱伦客体脱离开的程度，而这可以决定一个人能够多自由地与同龄人发展出与年龄相符的、与异性交往的恋爱关系。最终选定的伴侣会提供足够强大的吸引力和热切的依恋来击败其与旧的客体之间的联系，同时又与旧的客体足够相似，可以继承对他们的移情。

基于客体关系理论，我们关于潜意识的组织范围与弗洛伊德的理论有所不同。尽管如此，我们继续将他关于潜意识动机和潜意识组织的概念看作是任何心理动力研究的基础。相似地，弗洛伊德将本能视为性心理发展的基础，他将性本能与性欲发生区联系在一起，认为这是预先设定的次序，并且在以后会决定性心理的发展，尽管我们不同意他的这种观点，但是我们发现这些事件确实像弗洛伊德所描述的那样发生了，儿童用口、肛、尿道，最终到生殖器这一路线来体验性唤起和释放以及攻击感受的激发和释放。但是我们认为这些感受源自与照顾者之间的关系经过儿童养育不同阶段发展起来的：从哺乳、6个月至1岁、初学走路，一直到幼儿园时与母亲分离、探索更广泛的友谊和性别差异的阶段。

正如爱里克·埃里克森(Erik Erikson)所指出的，当他回顾人一生的八个阶段的时候，每个阶段都有一个难题需要解决。口欲期，人的任务是建立信任，在吸入和吐出之间找到平衡。肛欲期，人关注与父母的依恋和分离，对自己的排泄物也是这样。性蕾期，我们想要比我们的对手得到更多的崇拜，否则我们会感到羞耻，有时甚至会感到自己不完整。在生殖器层面，我们已经准备好了以一种信任的、自由的方式给予和接受爱，不再受缚于想要占有异性父母的强迫观念。费尔贝恩认为性心理的发展阶段反映了儿童对照顾者想要对其加以训练的尝试进行适当联系的技术的应用。

根据弗洛伊德的理论，俄狄浦斯期的儿童想要占有异性父母，并想通过杀死同性父母来达到这一目的。费尔贝恩认为俄狄浦斯期的冲突代表了儿童想要让以下问题简化的尝试：在前俄狄浦斯期，儿童有两个矛盾的关系，一个是与母亲，一个是与父亲，两者都是引起儿童兴奋和抗拒的内在客体关系的影响因素。在俄狄浦斯期，儿童尝试通过与其中一个形成亲密关系，而抛弃另一个的方式来解决矛盾，开始可能会选择与同性父母建立亲密的关系，但在俄狄浦斯的中期，亲密关系通常会是建立在与异性父母之间。

您能对本我多做一些介绍吗？

在弗洛伊德理论中，本我由性本能和攻击本能构成，这些本能要释放自己并得到满足。机体想要释放这些驱力的能量，这样机体就可以重新回复平静。本我是通过初级过程组织的，以一种无序的、原始的方式将各种想法以一种混沌的方式联系在一起。在潜意识中，乖戾的想法和感受与引起它们的冲动分离开来，而且有可能通过初级过程与某些无关的想法联系起来。弗洛伊德创立了自由联想，它是一种技术，让来访者将任何进入脑海当中的内容说出来——即使这些想法看上去并不那么自然流畅——然后追踪这些随机的联系，由此将意义从表面上无关的事件中提取出来，而这些联系通过正常的询问是无法获得的。

自我与本我有何不同？

弗洛伊德写道自我是根据次级思维过程组织起来的，其特征是逻辑和理智，而不是在本能张力的压力下未缓和的感受与冲动。次级过程更适合去完成自我的执行功能，如处理情感状态、整合所有的客体体验、认同客体身份、容忍矛盾心理，以及联系外部世界。

我们为什么要关注结构当中的意识和潜意识水平？

它们在临床上很有用，因为我们将治疗过程概念化了。治疗的任务是分析潜意识当中混沌的、混淆的信号，以此来释放自我，让自我能够应对现实。弗洛伊德简单地说："哪里有本我，哪里就会有自我。"换句话说，我们工作的目标是用意识和更理智的认识来取代先前源自潜意识初级过程的非理智行为。弗洛伊德指出治疗的目标是让潜意识意识化。

什么是阻抗和防御？

弗洛伊德将阻抗描述为来访者潜意识组织的一种功能，阻止潜意识中的内容意识化。潜意识是与来访者意识当中想要配合和好转的愿望相反的,它与治疗的努力也是相反的,并且通常与治疗师的人格相反。后来,弗洛伊德和他的女儿安娜·弗洛伊德将人格描述为由很多防御所组成,即将潜意识冲动结构化并加以控制的自我功能。现在,我们认为防御是性格结构中的本能部分。相比于阻止潜意识中的力量,防御模式更多地用来将深层次的需要、情感和冲突的表达结构化,同时又能保护个体的弱点。所有这些,我们现在都认为发生在个体需要原始关系的背景下。因此,像投射、否认、替代、升华、反向形成和反应形成等防御都可以被看作是构造关系的方法。

笔记

弗洛伊德的精神分析理论在以下其著作的标准版中都有描述:

《心理地形理论、潜意识、初级过程、前意识、意识、次级过程》(1915c)

《压抑》(1915a,1915c)

《结构理论,自我、本我和超我》(1923)

《认同》(1917a,1923)

《梦的理论》(1900)

《口误或动作失误》(1901a)

《性本能、自体保护本能、性心理的发展阶段》(1905b)

《死本能》(1920,1930)

《俄狄浦斯情结及其解决》(1910a,1910b,1924)

《阻抗、压抑》(1917c)

《防御》(1895)

防御机制的详细论述,见 Anna Freud(1946)

弗洛伊德理论最初扩展到关系背景当中,见 Erikson(1950)。

第三章　从弗洛伊德到客体关系理论

弗洛伊德所说的"客体"是一个技术上的术语，用来描述驱力能量（力比多）期望得到满足的场所。在弗洛伊德看来，内在客体代表了驱力的客体。这与客体关系理论是不同的，客体关系理论处理的是依恋的客体。在弗洛伊德的理论中，最初是没有外在客体的，力比多在婴儿的内部找到了它的客体，而婴儿正处在一个原始自恋的自我封闭状态。

自恋客体如何形成？

体验到乳房带来的满足感，婴儿便将母亲的乳房当作是力比多的客体。当乳房不在的时候，婴儿由于满足感的丧失而痛苦，这时，他便会幻想乳房，同时在自己的身上寻找缺失的口欲满足，而这在婴儿的内心当中会转变成为一种次级的自恋状态，以后婴儿会逐渐地认识到客体是存在于自体之外的。于是，随着主要的性欲发生区从口唇经过肛门转移到生殖器，婴儿将每一个身体部位的刺激体验与每一个时期中照顾者给予的关注联系了起来。

客体丧失是如何引起心理结构的？

通过研究相爱的人和那些因为死亡而失去所爱的人，弗洛伊德注意到实际的客体丧失引起自体分裂，因为自体中有一部分认同丧失的客体。通过这一点，他想到心理结构是通过内化力比多对客体的体验而形成。俄狄浦斯期被禁止和否定的客体认同引起控制性的、道德引导的超我形成。尽管本能在他的观点中仍然很重要，但是弗洛伊德有了一个关于调节性心理结构的理论，这个心理结构除了阻止本能能量释放以达到不成熟或不可接受的目的之外，还能够体验和解决冲突。

费尔贝恩对弗洛伊德是怎么看的？

费尔贝恩很欣赏弗洛伊德的经典理论，对它进行了仔细的研究，很用心地教授学生，但是他发现自己在理论和实践中都不同意其最基本的教条——即婴儿受到本能能量的驱使而寻找满足，以及人在出生的时候只有本我，没有自我。本我的概念对于他来说太不人性化了，也不符合他在学术和临床经验当中看到的事实。

为什么费尔贝恩要发展客体关系理论？

费尔贝恩对哲学和心理学的研究，以及他在临床上用精神分析理论对遭受性虐待和躯体虐待的儿童、患战争神经症的军人及对创伤和损失进行分裂性防御的来访者进行治疗的经验，导致他要改变对人类动机和发展的总结。弗洛伊德的注意力集中在他的来访者的内心体验，而费尔贝恩的研究重在来访者的内心世界与他们在童年时与父母的关系及治疗中与治疗师的关系之间的联系。尽管如此，他仍然非常尊重弗洛伊德的贡献，因此他做出自己的修改时沿用了"客体""力比多"和"自我"这些词汇。

笔记

Scharff，J.S.（2002）。见 E. Erwin 编写的《弗洛伊德百科全书》。伦敦和纽约：劳特里奇出版社。

第四章　心理结构

费尔贝恩描述了内在客体关系中三个主要的分类，一个在自体的意识当中，另外两个被压抑在潜意识当中：（1）理想的客体关系（自体的意识中）；（2）兴奋客体关系（自体的潜意识中）；（3）拒绝客体关系（自体的潜意识中）。费尔贝恩的心理结构组织的模型在图4.1中进行了总结。

这些被压抑的客体关系是如何发展的？

内在心理结构的分类和次序通过分裂和压抑的机制产生。费尔贝恩认为婴儿发现即使是好母亲也会有拒绝自己的时候，例如，当婴儿想要食物或拥抱的时候，母亲也有可能不在。为了处理内心中无法忍受的焦虑和抛弃感，婴儿将母亲的形象作为拒绝客体而保留在体内，这一过程我们称之为"内射"。在费尔贝恩的理论中，内射是自我在应对无法忍受的痛苦和与客体的分离时最初的防御。然而，在我们的观点中，婴儿内化了亲子关系中所有方面的内容，并根据不同的体验对它们进行分类。通过亲子关系体验进行初级编码，婴儿最终形成了心理结构并且有能力进行分离。

分裂和压抑的位置在哪里？

在费尔贝恩的观点中，在内射了不良客体之后，在婴儿原始的自体中有了不满足的体验。为了在意识中重新获得一个清晰的、理想的母亲形象，婴儿的自我将整个不满足的客体形象压抑到潜意识当中，以此来应对被拒绝的痛苦。潜意识中被压抑的客体被进一步分为两个部分：（1）拒绝客体；（2）兴奋客体。然而，内在客体并不会自行分裂或压抑。自我当中与令人痛苦的客体相关的部分必须与客体一道被分裂出去，还包括这一痛苦的关系当中显著的情感。就拒绝客体而言，相关的情感是愤怒、沮丧和哀伤。而至于兴奋客体，则是那些与渴望和痛苦的期待相关的情感。

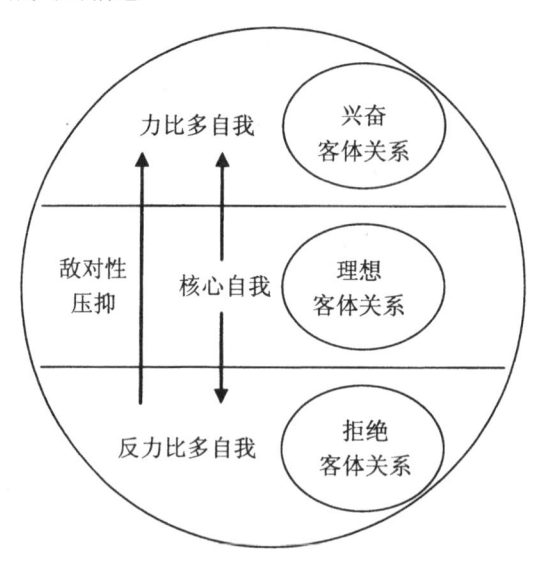

图 4.1 心理情景。摘自《性关系：性和家庭的客体关系观点》，经 Routledge 和 Kegan Paul 允许。版权属 David E. Scharff, 1982。

你能描述一下拒绝客体关系吗？

拒绝客体关系是由反力比多自我，拒绝客体和生气、愤怒和哀伤的情感组成。费尔贝恩最初将自我当中与拒绝客体一道被压抑的那部分称为"内在的毁灭者"，因为它有回到意识中的危险，会破坏防御的理想化状态。后来，费尔贝恩将这一部分自体的名字改为"反力比多自我"。拒绝自我支持核心自我进一步压抑兴奋客体关系。核心自我原本可能带有较高水平的兴奋程度去预期和寻找令人兴奋和重要的客体关系，而这种支持就破坏了这种可能性。

你能描述一下兴奋客体关系吗？

坏的客体关系中的另一部分——是由痛苦引起的，不是道德败坏——是兴奋需要的客体关系。好的母亲因为过于关注婴儿，在婴儿的内心当中激活了更多的需要。她可能会在婴儿身边焦虑地徘徊，或者随时准备在婴儿感到饥饿、想要拥抱或与人交流时去满足他们。费尔贝恩用来指代激活需要和渴望的客体的术语是"力比多客体"，而自我当中与此相关的部分则被称为是"力比多自我"。他使用这些术语是延用描述性驱力的经典术语"力比多"，弗洛伊德认为这是所有渴望的来源，但是支持的依据并不是很明确。能够表现力比多客体关系的情感是由不可满足的期盼、焦虑唤起以及绝望引起的。

你能举例说明兴奋客体关系和拒绝客体关系吗？

康斯特布尔夫人，一个美丽、有吸引力的女性，在门诊和我做了两年治疗。到现在，我们俩都已经知道她内心当中有很重的兴奋客体关系的负担，来自于婴儿期起初被延长之后又突然停止的哺乳给她带来的体验。她和自己的孩子之间重复了这一客体关系，一度她曾闯入医院的婴儿室去要刚出生的婴儿。她意识到她很渴望给孩子哺乳时的兴奋感，因为她在医院病房里感到很孤独、很害怕。后来她的大儿子有了一个毛病，总是把舌头挂在嘴外。康斯特布尔夫人非常厌恶孩子的这一习惯，并对孩子的嘴产生了一种变态性的恐惧，以此来摆脱内心当中对孩子的愤怒。随着治疗的进展，康斯特布尔夫人也意识到她同样也是在避免这张张开的嘴在她内心激起的空虚、饥饿和依赖感。在这个案例中，一个拒绝的客体关系是在提防更痛苦，因而也是更受压抑的兴奋客体关系的刺激。

　　我们之间相互作用的因素开始在移情关系中以一种生动的、暴力的方式显现了出来。康斯特布尔夫人在约定时间没有来治疗，而因为我要去另外一个地方工作，这是我们在这里的最后一次治疗。在约定的治疗时间过后二十分钟，她来到了我的办公室，胆怯地在我半开的办公室门口偷看，告诉我她非常抱歉把治疗时间弄错了。即使她看到我已经在清理我的东西准备离开，她仍然轻声细语地问我是否能给她做治疗。当我告诉她我得去治疗其他患者的时候，她诱惑并恳求我。当我告诉她我们这一次治疗只能取消，而下一次治疗按常规在两天以后，康斯特布尔夫人被激怒了。她说我很冷酷，一点也不关心她。她上前来想要打我，却在走廊里被两名男护士制服，他们透过开着的门听到了里面的吵闹。可以看到我显然激起了康斯特布尔夫人在内心中对我的需要。当兴奋客体关系在与我的关系中得不到满足时，便需要以全力来压抑拒绝客体关系。当康斯特布尔夫人来得太晚而无法见我的时候，她原本希望通过将我纳入她的兴奋客体关系来压抑已经被激活的拒绝客体关系。而如果要进入她的兴奋客体关系，我就得像她想见我那样想见她，并且想见她的愿望要强烈于遵守约定去见下一位患者。在这件事之后，她将那两位男护士理想化为真正理解她需要的强壮的男性形象，而我则成为了一个令人讨厌的、软弱的、不能满足她的女人。在她对我的移情中，我们还得对拒绝客体关系施以数月的影响，她才能再次将我体验为对她有帮助的人。

奥格登建议用另一个术语描述力比多客体关系，即"欲望的自体"，渴望一个充满强烈诱惑的客体。冈特瑞普指出，自体中力比多部分的过度活跃可能掩盖核心自体对死亡的恐怖感。而这说明自体当中还有一个被压抑得更深的部分。

自体当中是否存在一个费尔贝恩所不知的、压抑得更深的部分？

费尔贝恩最初的理论认为自体中力比多内在客体系统就是被压抑得最深的部分。冈特瑞普认为在精神分裂的状态下自体会发生进一步的分化。一部分已经被压抑的力比多自我被再度压抑，并分裂成为一个遥远的、隔绝的自体部分，在这里自体能够躲避核心自体中共情失败所带来的可以预料的危险，以及随空虚感而来的极度恐惧的体验。费尔贝恩接受了冈特瑞普对他的理论的重要补充。巴林特在退行性来访者身上也发现了相似的现象。他们说感觉自体的核心中丢了什么东西。他将之称为"基础错误"。这种缺失的状态源于不良的母婴关系，婴儿没有从中感到被关心，被爱以及自己的可爱。客体关系理论家认为他们的发现影响了心理治疗技术。正如冈特瑞普所认为的，治疗必须对人格中封闭系统的部分有所作为，并在治疗关系中提供环境给来访者重生和再次成长的机会，来替代其发生倒退。

意识中核心自体的客体关系是什么？

在建立理论的后期，费尔贝恩描述了核心自体的客体，这是他在对癔病的研究中发现的。他将之称为"理想客体"。在癔病的状态中，它指的是对过度兴奋客体或过度拒绝客体的变形。癔病患者在爱人身上寻找的是一个温和的客体，这样就不会遭遇到不可忍受的哀伤或兴奋。

在正常状态下，我们将理想客体看作是令人满意的内在客体。我们可以将之称为足够好的客体，或简单地说，好的客体。现在，术语"理想的""好的"和"足够好的"可互换使用。理想客体是指核心自我的客体，通过人类情感谱系中的正向感觉与核心自我相联系，它一直保持在意识层面当中，因为这是令人满意的。自体中核心的、意识层面的理想客体关系可以与人格其他部分的理想客体进行交流。核心自我存在于意识层面，与其理想客体相联系，可以自由成长，并可以被修改，因为它没有被隐匿在自体内部，像被压抑的兴奋客体关系和拒绝客体关系那样。但是，好的客体倾向于被核心自体吸收或转化。理想客体关系充盈着整个人格，而不是作为心理结构中分离的、可识别的部分有所突出。

在康斯特布尔夫人的案例中，与核心自体相联系的好的客体引起了核心的、理想的客体关系。这种理想客体关系表现在她有能力作为一位精力充沛的母亲和主妇，成为一位受欢迎的委员会委员，以及维持治疗关系，尽管受到了移情中重新出现的被压抑的坏的客体关系的攻击。

矛盾的是，虽然这是在意识层面当中，理想的客体关系相比于人际关系中所表现的被压抑的客体关系更不易于观察——尤其是在移情中——以一种引起别人注意的、让人不满意的关系的方式表现出来。

你能总结一下行动当中的客体关系吗？

人格是一个由意识和潜意识中动态的客体关系组成的系统。核心自我对拒绝的和兴奋的客体结构进行积极的抑制。抗力比多自我进一步压抑兴奋客体结构，而力比多自我进一步压抑拒绝客体结构，并有可能发生进一步的分裂，此时力比多自我中受危及的那一部分受到进一步压抑，被隐藏得更深。现在我们可以将心理情景总结如下：（1）意识层面：理想客体关系，由核心自我、理想的客体，以及满足和美好的感受组成；（2）潜意识层面：拒绝客体关系，由抗力比多自我、拒绝客体，以及沮丧和愤怒的感受组成；兴奋客体关系，由力比多自我、兴奋客体，以及沮丧和痛苦的渴望这些感受组成。

你能详细说明一下自体吗？

自体是个体与生俱来的原始的心理结构。自体通过纳入重要的、结构性的关系而得到发展。随着这一进展不断地进行，自体成为了一个包容性的结构，不仅包括其原始的形成结构的潜力，而且还包括基于其中所有内在客体关系的认同感。理想客体、兴奋客体和拒绝客体，分别与它们相联系的核心自我、力比多自我和抗力比多自我，以及所有相应的情感都处在一个内在的动态关系之中，相互联系。自体当中这些部分的动态关系类似于费尔贝恩所描述的心理情景的普遍系统，但就各部分力量对比的具体情况来说，每个人都不同于他人。

内在客体关系如何处于动态关系当中？

费尔贝恩描述了内在结构中的某一部分是如何直接或间接地压抑其他部分。核心自我会直接压抑兴奋的和拒绝的客体结构。所以拒绝客体关系部分（即内在毁坏者和拒绝客体一起）位于力比多客体的首位，就像被一张毯子盖着将其隔离在核心自我的意识之外。费尔贝恩认为压抑更容易发生在这一方向，反之则不然，因为意识到自己的渴望没有结果比处于愤怒的关系中要痛苦得多。相反，我们发现力比多客体关系和兴奋客体关系压抑拒绝客体关系一样常见。我们可以看到一个人如果总是以诱惑的姿态面对他人，那其实是为了压抑攻击或拒绝的感受而采取的防御。我们也可以看到已结婚的伴侣之间以性亲密来避免不能表达的愤怒感受。

当费尔贝恩在描述由自体中的抗力比多自我对力比多自我进行的次级压抑时，他为我们打开了一道门，帮助我们理解自体当中的内在客体关系以动态关系相互联系，由此，在某个时间点上有一部分是控制性的或占优势的组织，而在另外一个时间点上则是另一部分占优势。我们发现我们在处理来访者自体当中的各个部分，而我们也时不时地被用来重新制造新的客体关系。

自体和自我是一样的吗？

这不是我们的观点。有些人曾经说过"自体"是"自我"这个过时的术语的现代称法。冈特瑞普就是这样来使用"自体"这一术语的，而约翰·萨瑟兰 (John Sutherland) 在他的教学中也倾向于冈特瑞普的用法。在我们的辞典中，"自体"是一个全面的术语，代表个体持续的独特性。我们认为"自体"这个词不仅包括自我，即与执行相关的功能，意识和潜意识两个方面，还包括与自我相联系的客体，以及自我和客体之间产生的所有感受。

你是否认为"自我"这个词指的是我们每个人更机械的部分，具有特定的执行功能，但不能用来指完整的人？

是的，自我是自体当中的执行部分。只有自体能够指代完整的人。

费尔贝恩的病理理论是否可以应用于正常的发育？

费尔贝恩的癔病来访者的心理功能中普遍存在分离，这促使他发展了一套理论来解释癔病神经症和精神分裂人格的发育。他的理论让我们注意到所有的人格类型中都普遍存在着分裂。通过轻微的修改，我们通过费尔贝恩的心理情景理论（见图 4.1）来理解正常人格的发展。见图 4.2。

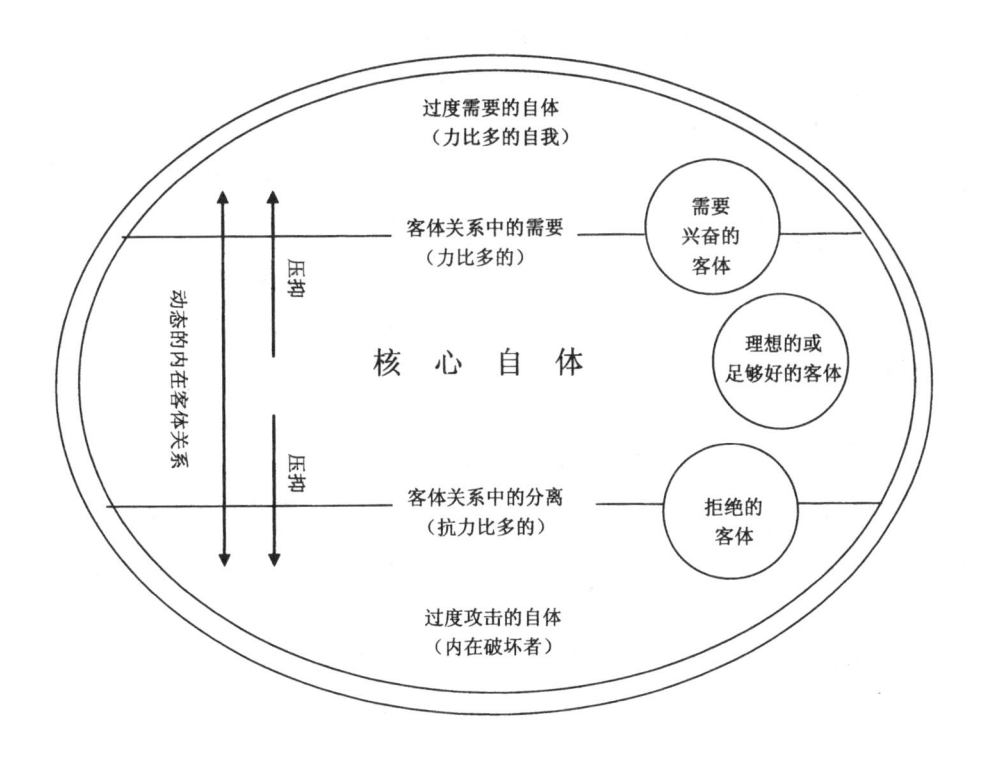

```
                   过度需要的自体
                    （力比多的自我）

           ↑↑  客体关系中的需要          需要
           ││  （力比多的）            兴奋的
     动    ││                         客体
     态    压
     的    抑                         理想的或
     内                    核 心 自 体  足够好的客体
     在
     客    压
     体    抑                          拒绝的
     关    ││  客体关系中的分离         客体
     系    ↓↓  （抗力比多的）

                   过度攻击的自体
                    （内在破坏者）
```

图 4.2　费尔贝恩心理组织模型的扩展。需要和分离都属于核心自体。兴奋和拒绝的客体一部分与理想的客体相联系，另一部分被压抑。自体和客体的所有方面都处在动态关系中。摘自《重寻客体和再建自体》，Jason Aronson 出版。版权属 David E.Scharff,1992。

健康的发展不需要那么多压抑，人格的内在客体成分之间可以自由地交流。在基本的联系背景中，存在对需要的正常推力和对其他人的力比多渴望（只有对需要过度兴奋的时候是病理性的，这种需要引起强烈的渴望与热望），以及对分离或自主性的正常需要（只有对坏的客体过度顽固地黏着或回避的时候是病理性的，这些坏的客体引起自我憎恨、自我毁灭和暴力）。图4.2中所列出的元素代表了正常联系中的这些部分，而不是病理性的组织。健康人格的核心是核心自我——一个总体的、复杂的、整合的组织，可以监督自我意识，保持同一性，并管理自体的执行功能——与足够好的客体相联系（只有在病理情况下，如癔病，这种足够好的客体才被称为是理想化的，即对其不完美的方面进行了改变）。在这个健康的模型中，足够好的客体是基于对好母亲的体验，这个母亲不需要是完美的，只要对婴儿来说足够好，可以去爱，并能时不时地完全得到满足。

这一模型强调了正常的功能：（1）在指向和远离相关客体的力量下形成的人格中的分裂；（2）核心自体所指向的人格整合的倾向；（3）健康人格中各个部分之间的交流；（4）自体各部分之间的灵活变通和相互作用，这在神经症、精神病、人格障碍和创伤当中没有发现。创伤在人格中引起了最严重的分裂，导致了空虚，与自体和客体中被封闭的记忆片段交替出现。见第十章"创伤"。

费尔贝恩如何看待正常发展中的前进？

发育的过程是从儿童对其照顾者完全的依赖到成人伴侣之间成熟的相互依赖。从婴儿式的依赖到成熟的依赖，这一转变的标志是关系的转换技术的运用，这些技术是基于潜意识幻想的一系列策略。它们不是病理结构，除非随时间被过度用于除去个体人格的灵活变通性。根据好的或坏的客体被潜意识地理解为是在自体的内部还是外部，费尔贝恩对这些策略进行了总结，见表4.1。

表 4.1　关系的转换技术

技术	接受的（好的）客体	拒绝的（坏的）客体
强迫的	内化	内化
恐惧的	外化	外化
偏执的	内化	外化
癔病的	外化	内化

什么是关系的转换技术？

费尔贝恩认为强迫的、恐惧的、癔病的和偏执的个性形成用技术处理好客体或坏客体的结果。在强迫的和偏执的技术中，个体会想象好的客体位于自体内部。在癔病的和恐惧的技术中，好的客体被认为是在自体之外。在癔病的和强迫的技术中，坏的客体在自体内部。在恐惧的和偏执的技术中，坏的客体被保持在自体的外部。这些潜意识中关于内在客体的属性和位置的幻想决定了个体与他人发生联系的策略，并依赖于一个人是寻找还是避免好的或坏的客体。

你所说的关系结构的内化是什么意思？

我们已经描述了费尔贝恩的观点，在发育过程中，儿童吸收了他们对每一个照顾者的体验的方方面面，再创建出与自体的相应部分相联系的内在客体。他们与兄弟姐妹或其他家庭成员之间也是如此。除此之外，儿童还吸收与每一个照顾者和家庭成员之间关系的方方面面，并在内在客体关系中加以改造。不仅如此，他们还识别并吸收他们的照顾者与其他家庭成员之间的关系，而这受到不同发育阶段儿童的感受能力的影响。

儿童也被每一个家长吸收成为一个新的客体。这以两种主要的方式进行。儿童是父母性结合产物，也是他们两性结合的代表。作为一个父母双方都有权利的个体，儿童是夫妻间的情感、兴趣和憎恨所依存的客体。成长的儿童作为一个新的内在客体的形成显示出了父母的心理和夫妻间的关系。

你所说的客体的分类、建构和消失是什么意思？

建立在婴儿期，尤其是俄狄浦斯期对个体、二联体和群体的体验进行内化的基础上，人格在成年阶段继续发展。恋爱、婚姻、生育、再婚和悼念因不孕、疾病或死亡所带来的丧失，自体将体验分类为不同的内在客体关系，随着发育的不断进行，逐渐将其内化，使之与之前的模型相匹配，并在生活体验改变、大脑发育和社会理解增加的基础上形成新的建构。自体逐渐将其内在客体关系的改变加以整合，从而保持自己的聚合性、适应性和生命力。

随着人格的成熟，内在的操作也不断完善。自体重新评价内在客体结构，根据它们的价值对其进行分类。有些客体能继续加强自体，而有些则变得与自体无关。其他那些占据空间却已经"被挤出"好的、新的体验的客体必须被删除。例如，有严重问题的父母客体可能会占据一个十几岁孩子的心灵，使得这个孩子不能对更广阔的社会群体和知识系统产生新的体验。这个孩子可能一直被这些客体所控制，以他们的形象来建构新的客体。或者这个孩子可能会拒绝实际的父母，同时也排斥相应的内在客体。在客体的排除中，客体很惋惜地被从内在空间中删除。被排除的客体失去其动力方面的重要性，也不再对自体有任何特殊的意义，或与自体有任何关系。

笔记

费尔贝恩(1963)将自己对内在心理结构的语言描述浓缩到了一张纸上。他的内在客体关系的重要概念如下：

内在毁灭者(1944)

力比多和反力比多自我(1954，1963)

理想客体(1954，1963)

费尔贝恩的论文收集在 Fairbairn (1952) 和 Scharff 与 Birtles (1994) 的著作中。

其他的概念是这些观点的延伸：

渴望的自体和激惹的客体(Ogden 1986b)

在精神分裂状态中退缩的力比多自我(Guntrip 1969)

自体(Guntrip 1969，Sutherland 1980)

内在伴侣(internal couple) (J. Scharff 1992)

第五章 投射性认同与内射性认同、容纳

客体内射之后，除了分裂和压抑，人格之间的潜意识组织和交流还有哪些重要的作用？

投射性认同和内射性认同的机制在 1946 年由克莱茵进行了描述，之后由汉那·西格尔 (Hanna Segal) 进行了澄清，由奥格登、约瑟夫·桑德勒 (Joseph Sandler) 和吉尔·萨夫 (Jill Scharff) 进行了详细的说明。投射性认同和内射性认同是承担交流功能、防御功能和组织功能的心理机制。它们在生命的最初几个星期就已经存在了，这时婴儿正在与由担心生存而引起的巨大焦虑作斗争。他们很担心自己的焦虑感受过强会让他们完全依赖的照顾者感到不安。在投射性认同中，婴儿幻想将自体中危险的部分放到母亲身上来控制攻击，通过这种方式将焦虑输出体外。之后母亲便被认同为了这一投射出来的或被置换了的自体部分。这是投射性认同过程的第一个阶段。之后婴儿害怕那种使人不安的自体的感受现在会以一个无法摆脱的母亲形象再次回来，此时的母亲形象

充满了令人恐惧的感觉。母亲被视为报复对象。这是投射性认同过程的第二个阶段。现在婴儿通过内射性认同将母亲的这一形象吸收进来，这是投射性认同过程的第三个阶段。此时，婴儿变得更像恐怖的母亲，甚至有更多可怕的感受要去摆脱。然而，一个足够好的母亲是能够对这些可怕的感受加以变形，对之进行处理，使得返回给婴儿的形象不会过于具有毁灭性或危险性。威尔弗雷德·比昂 (Wilfred Bion) 将母亲的这一过程描述为对婴儿焦虑的遏制。

婴儿也会把自体当中有价值的方面投射给母亲，来保持好的感受。母亲也充满了婴儿投射给她的好的感受，并将自己对孩子的爱和满足感返回给孩子。将自己喜欢的优良品质投射出去，再纳入回来，并化解不好的部分，这是婴儿建立关系和形成持续人格的方法。

投射性认同和内射性认同在自体内部是交互的过程，在自体和外在客体之间也是如此。投射性认同既起源于母亲，也起源于孩子。图 5.1 展示了母亲和孩子之间相互进行的投射性认同和内射性认同的过程。

你能对投射性认同中的内射性认同阶段多做一些说明吗？

内射性认同本身也被认为是一个过程。我们已经发现它常常被忽视，因为它发生在自我的内部。观察客体是如何被影响的比检查整合入自体的内化要容易。放出去比吸收进来更容易被观察到。在内射性认同中，婴儿将母亲提供的、已修改过的早期感受吸收进来。他们吸收这些体验，通过这一过程来形成一个更成熟的对自己的看法。如果母亲不能遏制孩子的焦虑，那么婴儿所得到的对于自己的看法便会是更加认为自己难对付，并形成较差的自我感。而如果母亲足够好，婴儿便会吸收母亲这种好的遏制功能，然后变得能够在现在或将来管理自己和自己的感受，随着慢慢长大，婴儿便能够学会更有能力的、更可靠的方法。

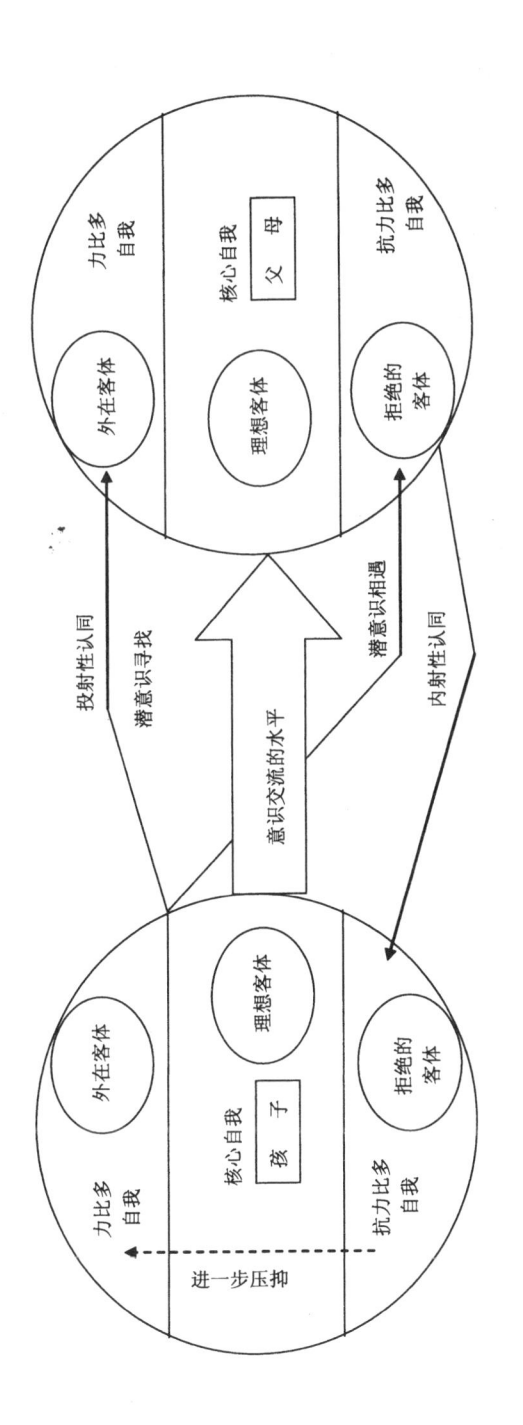

图 5.1 母婴关系中的投射性和内射性认同。这里的机制是当婴儿遇到沮丧的、无回报的渴望，或创伤时，孩子与父母的投射性和内射性认同之间的交流。该图描述了孩子渴望的需要被满足，通过投射性认同与父母相似的趋向认同。遭遇到拒绝的孩子便通过内射性认同与父母内心中抗力比多系统的沮丧的内在反应中，力比多系统受到孩子的抗力比多系统的力量的进一步压抑。摘自《性关系：性和家庭的客体关系观点》，由 Routledge 和 Kegan Paul 共同授权。版权归属 David E. Scharff, 1982。

你能总结一下投射性认同和内射性认同过程的步骤吗？

我们可以总结于表 5.1 中。

表 5.1 投射性认同的步骤

---

1. 将自体中的一部分投射出去或除掉

2. 在客体中找到这一部分，即将其他人体验为自体当中这一部分的具体化，不论这个人是否是这样的

3. 吸收，并且变得像被投射的客体

在确定的关系中，什么是相互的投射性认同？

亲密的伴侣倾向于通过自己的体验来看待对方。这是一个双行道。伴侣之间相互选择对方是因为在他们的人格之间有某种程度的相符，这使得他们能够同样地在对方的身上发现自己的自体当中丢失的部分。这可能是自体当中受爱护或受贬低的部分，而对方也会以同样的方式对待自体中相应的部分。随着这样密切地相互作用，夫妻之间发展出共同的人格，像一个独特的身份和一种力量和支持的来源，以此进行活动，并修正对伴侣双方自体的影响。这一共同人格就是一种营养基，随个体逐渐成熟来培育个体的部分自我和客体。

再来看图 5.1。想象费尔贝恩内在心理情景中的两个并列的形象现在代表的是伴侣关系中的双方，而不是母亲和婴儿。我们在图 5.2 中进行了这种转换，来看夫妻双方是如何进行潜意识交流和互相影响对方的成长和发展的。

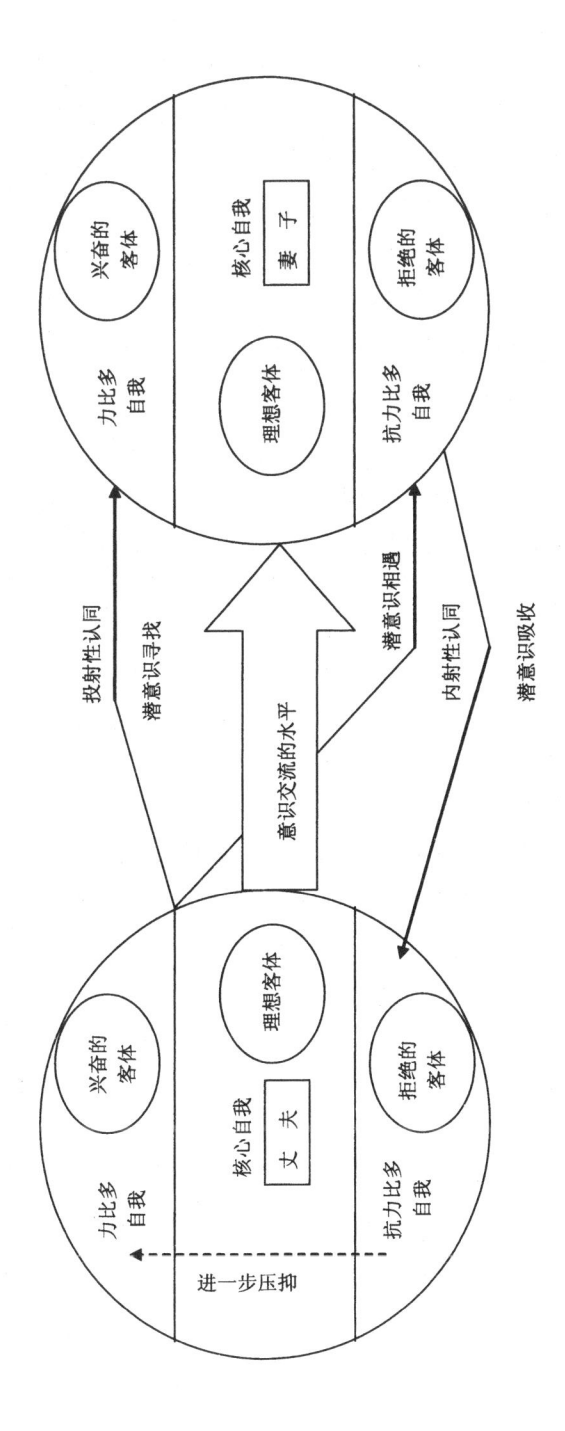

图 5.2 婚姻中通过投射性和内射性认同建立起来的客体关系。摘自《客体关系个体治疗》。Jason Aronson 出版，版权属 Jill S. Scharff 和 David E. Scharff, 1998。

客体关系入门　41

图 5.2 显示了当一个非常压抑的丈夫不断默默地想要从他那非常有吸引力而忙碌的妻子那里获得关注，其内在的客体是如何被修改的。他希望妻子也会想要他，就像他自己想要妻子一样，但是妻子却忙于朋友聚会和自己的工作，把他放在了一边。他的兴奋客体关系希望通过得到妻子的兴奋客体关系的认同来从压抑中浮现，但结果却被妻子的拒绝客体关系所压抑，现在他内射了这一认同，所以他退缩了。当他的拒绝客体关系通过这一方式得到了加强，潜意识中对他的兴奋客体部分的压抑进一步增强，而他也不再接近妻子了。如果这种交流方式在婚姻中占主导地位，丈夫就会建立起一个扩展了的拒绝客体和粉碎了的兴奋客体的模型。在健康的婚姻中，拒绝性的模式没有定期地被加强，这时丈夫会建立起一个改善了的拒绝客体与兴奋客体的模型，而这使得他在妻子面前的表现更主动、更成功。

什么是内在夫妻？

这个概念来自于对克莱茵和费尔贝恩理论的整合。内在夫妻是一个心理结构，通过孩子对照顾者的体验来获得。照顾者是对照顾孩子的父母的统称，也是一对亲密的生活伴侣，他们有关相互照顾并分享快乐的承诺是安全和仁爱的来源，同时也是一个被珍惜和防御的对象——或许会因为贪婪和嫉妒而受到攻击。孩子的内在夫妻基于孩子在不同的发育阶段所感受到的父母的夫妻关系，并且在孩子开始了解其他的夫妻关系时得到修改。内在夫妻有很多层次。出生后的几个月，内在夫妻被看作是喂养的两个人；肛欲期，夫妻双方似乎参加了为争夺控制权所作的斗争；俄狄浦斯期，夫妻成为了一个客体，充满了兴奋和对原始景象的畏惧，有时充斥着孩子因为被排除而感受到的毁灭性的愤怒。孩子可能会很贪婪地破坏内在夫妻，以占有他们好的地方。有的孩子可能会很害怕这样的力量，从而将之排除出意识之外。也有孩子会尝试将夫妻分解为父亲和母亲，并通过与父母一方的形象相配来替换原有的夫妻。正视父母的关系，并接受在这种关系中孩子是被排除在外的，这对于发展一个分离了的、有独立思考能力的自体感受是至关重要的。

对我们自己的内在夫妻的省视对于治疗师的效果是很关键的，这在夫妻治疗中尤其明显。这能够帮助夫妻治疗师容忍自己被排除在来咨询的夫妻关系之外，忍受因破坏他们之间的亲密所带来的内疚感，形成与这对夫妻之间的咨询方式，即分别与丈夫、妻子、夫妻二人工作，避免陷入到其中一人的片面的观点当中，以及保持观察、反馈和处理体验的能力。

你能对遏制多做些说明吗？

"遏制"是威尔弗雷德·比昂引入的一个术语。它是指母亲把婴儿的需要放在心上。比昂认为这一能力属于思考的范围，但是我们将遏制看作是一个整合了情绪和认知的过程。婴儿有各种各样的、难以控制的焦虑，克莱茵的观点认为这来自于"死亡本能"，或者根据我们的观点，来自于攻击性或过分的攻击性。婴儿无法处理这些焦虑，就把它们都丢给母亲，而母亲在婴儿所幻想的母性中则要"遏制"这些焦虑，并且不会被攻击力量所摧毁。儿童所幻想的母性形象使婴儿有可能将所体验到的无序成分转换成为思想，然后母亲将婴儿难以想象的焦虑以一个更有序的、可容忍的形式反馈给婴儿。比昂用"遏制"这一术语来命名母亲帮助婴儿处理这些最初的、压倒性的焦虑的过程。他将母亲称为"遏制者"。

抛开比昂的观点，我们认为遏制发生在婴儿与母亲的内在客体关系产生共鸣的时候。通过正常的投射性认同，母亲将婴儿的焦虑与自己部分被压抑的内在客体关系相匹配。之后，通过忍受或者十分正确地看待自己和孩子对自己的焦虑性认识，她将这些焦虑安全地返回给婴儿，同时也将自己的忍耐力给了婴儿。

笔记

克莱茵关于潜意识中内射性认同和投射性认同过程的概念使我们治疗行为的概念化发生了革命性的变化。这些变化过程值得在最初和之后的文章中加以研究：

投射性认同和内射性认同（Klein 1946；Segal 1964；Ogden 1982；Sandler 1987a,b；J. Scharff 1992）

遏制和幻想（Bion 1962, 1967）

内在夫妻（J. Scharff 1992，和 D. Scharff 1998）

第六章　抱持性环境

温尼科特对此进行了独到的阐述。他提到母亲提供给孩子的真实关系的质量，从中婴儿可以期望与能够满足其关注需要的母亲之间建立一个安全而又稳定的关系。但温尼科特指的不是内在的处理功能，而是躯体的照顾关系，其特征是"原始母亲预设想法"和母亲对孩子的贡献。他用"抱持性环境"这一术语来描述该过程，其中母亲提供了一种抱持性关系。温尼科特认为，母亲在作为环境的母亲这一角色中提供安全的抱持关系的能力，正是帮助婴儿将自体分离出来的力量。之后，婴儿的自体可以与母亲相联系，将母亲内化为爱和攻击的客体，即"客体的母亲"。

温尼科特对临床工作的贡献中还有其他哪些概念？

温尼科特还提出了其他一些概念，这些概念在理论和临床中都很有用：母婴关系的核心，客体的母亲，环境的母亲，心身的搭配，过渡性空间和过渡性客体，以及真实自体和假性自体之间的契合。

温尼科特所说的"一个婴儿不可能独自存在"是什么意思?

温尼科特指的是没有母亲的照顾,婴儿是无法生存下来的。母亲的贡献对婴儿的生命是至关重要的。没有母亲的爱,婴儿无法成长。母婴关系是婴儿长大成人的背景环境。我们并不是暗示在俄狄浦斯前期与母亲的关系中,一个人已经完全形成。人的一生都可能会因为新的关系不断地发生改变,但是最初的关系总会对人格结构发挥持续的影响。温尼科特指出了母婴关系如何在移情中被重新创造出来。

客体的母亲和环境的母亲有什么不同?

温尼科特描述了联系母婴关系的两个重要方面。一方面,母亲形成了婴儿成长和发育的背景环境,他称之为"环境的母亲"。通过提供"手臂—环绕"的关系,环境的母亲将婴儿抱在自己怀里,为婴儿提供保持营养、着衣、温暖和安全的条件,以及照顾婴儿的躯体和情绪环境。如果这些都没有问题,婴儿会将环境的母亲看成是理所应当存在的,并将就这样存在下去。

在环境的母亲的庇护下,母亲提供给了婴儿一个直接的客体关系。温尼科特把这一方面称为"客体的母亲"。这个母亲是婴儿爱恋、憎恨、兴趣和渴望的客体。很显然,母亲的这两部分总是都会呈现,或在治疗中得到表征。我们可以区分在一个特定的时候,母亲体现的是这些功能中的哪一部分,哪些功能在治疗关系中被激发了。在环境的母亲的庇护下,婴儿能够自由地找到分离的自体。在与作为客体的母亲的关系中,建立内在的客体所需的原材料被提供给婴儿。通过体验环境的母亲和客体的母亲之间的关系,以及整体的母亲和婴儿之间的关系,婴儿就可以发展出内化了的客体关系和自体的感觉。

什么是心身搭配？

温尼科特也提出了"心身搭配"的概念。最早与母亲的关系完全是躯体的，这时胎儿真正地生活在母亲体内。躯体和情绪的界面在出生的一刻发展出来，母亲和婴儿必须通过它发生联系。在对躯体忍耐和控制的体验进行分类中，婴儿的心理结构逐渐形成。

什么是过渡性空间和过渡性客体？

在出生后的最初几个月，这一躯体的关系让步于逐渐发展起来的更强大的心理关系。它的发生与母亲和婴儿之间的、温尼科特所称的"潜在空间"的出现有关。我们倾向于将之称为"过渡性空间"。在此空间中，婴儿要越过逐渐增加的躯体距离与母亲发生联系。在这里，婴儿能够自由地去发现母亲所提供的东西，仿佛是婴儿自己的发明或创造。温尼科特说，我们必须从不质疑婴儿去解决是由母亲给予还是由婴儿自己创造的这一似是而非的矛盾。我们始终尊重婴儿对分离的幻想，以此作为真实的自主性及过渡性空间的创造潜力的基础。此空间中，婴儿有过渡性客体，如特别喜欢的毯子或泰迪熊，这些是完全属于婴儿的，它们可以被使用或滥用，抱着或扔掉，喜欢或厌恶，这都在于婴儿自己，而同时这些过渡性客体也代表了母亲。通过与过渡性客体的相互作用，婴儿的表现就好像是可以完全控制客体的母亲。

在图6.1中，我们可以看到，过渡性空间是一团内在和外在体验的混合物。它在与母亲提供的抱持进行交流，就好像与母亲的直接客体关系进行交流，这为婴儿内在世界的成长提供了材料。温尼科特注意到这也是创造性的焦点。

温尼科特关于真实自体和假性自体的概念是什么？

温尼科特认为我们每个人都有一个内在的核心，它来源于我们生物学上的天赋。他称之为"真实自体"。"假性自体"是自体的照顾者部分，它保护着核心，也让自体有能力适应他人的需要。这个"假"不是指伪造或不值得信任的意思。它只是简单地掩盖了真实的自体。当婴儿的养育以牺牲自体为代价来强调他人的需要时，假性自体和真实自体间就会出现不一致。真实自体的否认由此产生，而相对于真实自体来说这样的掩盖显得不那么真实。在病理中，假性自体因某种程度的伪造而变得虚假。在健康的情况下，假性自体并没有与真实的自体分裂开来。它成功地让我们在与其他人妥协的同时保持住了我们的自我。正如克里斯托弗·波拉斯 (Christopher Bollas) 注意到的，假性自体与真实自体之间配合得好，对于维持个人稳定性和整合性来说是必需的。

术语"容纳"和"抱持性环境"有什么区别？

温尼科特提出的术语"抱持"和"掌握"，在可观察的外在过程中是可见的，而威尔弗雷德·比昂提出的术语"容纳"描述的则是内在的过程，属于思维的范畴。温尼科特的术语涉及人际间的方面，而比昂的术语则是两个个体间的内心维度。抱持和掌握与管理母婴之间的空间有关，而容纳则是指母亲内心的空间，在这个空间中母亲处理其婴儿的焦虑。

现在，这两个部分需要放在一起以组成一个完整的过程。我们强调母亲要在躯体和情绪两个方面给予婴儿抱持。根据温尼科特的说法，作为客体的母亲为婴儿提供了一个亲密关系，而作为环境的母亲照顾婴儿生存的环境以使婴儿感到安全，并能"就这样存在下去"。同时，母亲的内心中也在进行着一个心理过程，在这个过程中她吸收并转化，

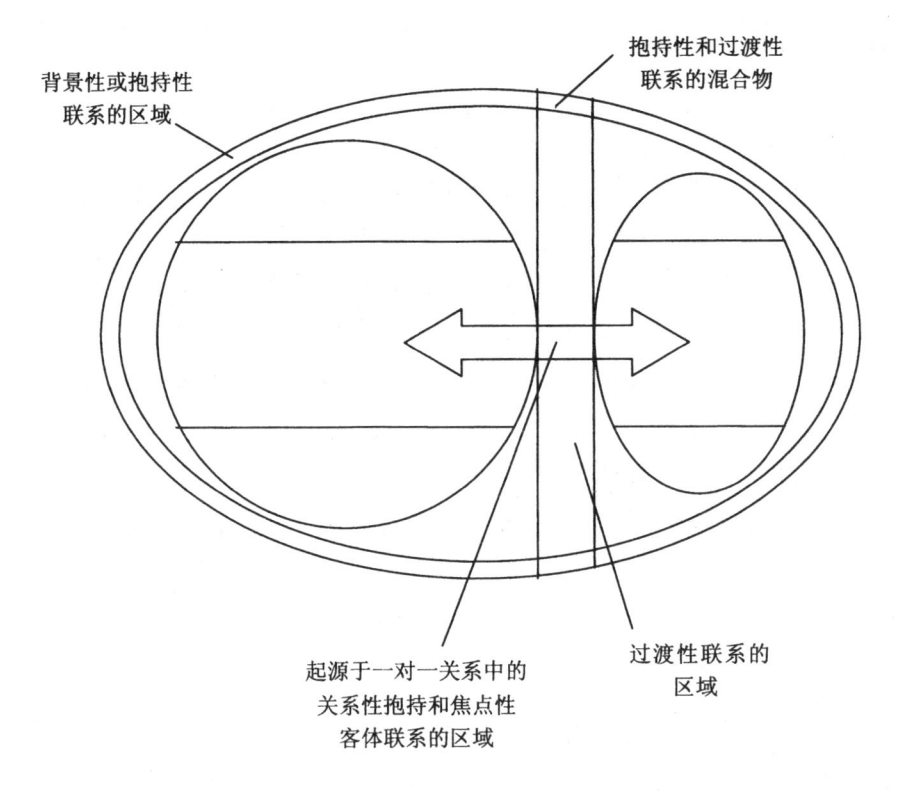

图 6.1　温尼科特关于母婴关系组织的理论。心身搭配起源自母亲和婴儿之间的躯体性的抱持和掌握的关系。围绕着母亲和婴儿的椭圆形外壳表明了母亲的抱持所提供的环境功能——即手臂环绕的关系。在这一外壳内，母亲和婴儿都有一个直接的客体关系——紧密的一对一关系，通过语言、姿势、眼神和躯体接触来交流——婴儿从中建立起自己的内在客体。摘自《重寻客体和再建自体》，Jason Aronson 出版，版权属 David E. Scharff, 1992。

或用比昂的话说，容纳婴儿所面对的不可避免的焦虑。外在的过程（即抱持性环境）为内在的过程（即容纳）在母亲内心的发生创造了条件，之后再被婴儿吸收。为了很好地处理焦虑，婴儿内心中内在和外在的过程必须同时发生，这样婴儿就最大限度地获得了安稳成长的机会。

波拉斯是谁？

克里斯托弗·波拉斯出生在美国，后来到英国追随温尼科特学习，大概可算是最杰出的英国客体关系理论家。波拉斯找到了自己的语言来描述自体的形成和功能，他写道，个人的习惯建立在与某些重要客体的联系之上，自体当中某些潜意识的部分投射给了这些客体，而自体又再次通过这些客体对这些部分进行体验。这样形成的客体关系仍然会继续改变，并随着时间推移，在与他人的交流中继续成长。波拉斯在描述内射和抽取内射的过程时，将投射性和内射性认同的概念提到了新的高度。在内射过程中，父母将自体的一部分嵌入孩子的内心中；在抽取的内射过程中，一个人窃取了另一个人心灵的一部分。

内射是什么？

有时，父母实际的行为和用以管理父母行为的潜意识幻想的力量是如此具有侵入性，以至于婴儿对内射的常规防御被压制了。换句话说，在分裂和压抑中没有任何记忆痕迹和自我来保护自体。只有一种非常令人不愉快的、深不可测的感觉状态。如果能被压抑，那么这种感觉将会和引起痛苦的想法分离开，而且这种感觉会持续下去，即使引起痛苦的原因已经被忘记了。当这过于可怕，感觉和它的来源则必须通过与新客体的分裂而被抹去，因此，它不会整合在自我和客体成分的动态系统中；它作为一个非我的自体成分，存在于一种原始的压抑状态中。波拉斯将之称为"内射"。

简单地说，内射是父母的一部分进入孩子的自体，压制常规的防御，并侵占自体的某一部分。一个外来的客体会占据孩子自体当中的某些空间。当由"背景的母亲"提供的抱持环境存在缺陷，"客体的母亲"

直接地侵入孩子，并且过渡性空间也崩溃的时候，内射就会发生。这一情景最显而易见地发生在与患精神病的、暴力的以及性虐待的父母的交流当中，包括那些让孩子暴露于他们的性行为中而受到过度刺激的父母。过于敏感的父母的投射也会成为内射。

你能举例说明内射吗？

一位聪慧而有魅力的母亲在孩子上小学后变得显著抑郁。为了克服这一点，她一头扎进书堆中，一读便是几个小时的书，对她的女儿们不闻不问。这让她们在母亲去世之前就遭受了失去一位好母亲的痛苦，而母亲去世时她们已是年轻的成年人。

成为母亲的小女儿不像她的母亲，她是一位积极的女性，选择了一个野心勃勃、精力充沛的丈夫。她无微不至地照顾丈夫、家庭和孩子。丈夫在家时他的母亲是老板，而现在她是老板。丈夫工作的时间很长，回到家丈夫想读会儿书，放松一下。而她总是在打扫卫生、做饭、计划下一步要做什么，自我效劳地做些事，并且也总给丈夫找事情做，以至于丈夫没有阅读的时间。这导致了丈夫的疲惫，但是他欣赏妻子的活力和指示，因此这就不是难以控制的。他们的婚姻是成功的。

她始终以母亲的身份而存在。她对一个人的表现有高标准。她让她的孩子们不停地学习，打网球联赛。只要他们和她一起忙碌着，为实现目标而努力，她就会有一种作为母亲的成就感。在治疗中，她对活跃性的需要使她不停地工作，而这种活跃性是避免像母亲一样过早死去的防御，也是为了防御失去正在成长的同伴关系的感受。当学习优良的孩子们离开家，没有她整日的陪伴时，他们都迷失了自我，三个孩子都陷入到自毁性的药物滥用当中。

她想为他们每个人都安排好一切，但她做不到。为了让事情变好，孩子们必须离开她，由自己决定行动方向。这位女性心力交瘁。孩子吸收了她内心中被否认的那一部分，即来自于父母对不可忍受的退缩和不活跃性的投射，而这必须通过药物滥用消除，结果只会导致退缩和不活跃性更加强烈。为了从滥用的习惯中恢复过来，孩子们必须返还被否认的投射，重新在他们与母亲的关系中引入退缩和不活跃性，才能成功与母亲分离，并最终找到他们自己的力量。

你能对抽取性内射做一些阐述吗？

比如一位学习很用功的女性，在得知一次考试没有通过时心烦意乱，抱怨受到了不公平的待遇。她的丈夫对她的处境深感同情，却没有去安慰她，而是责骂老师、管理部门和主考官，他的责骂如此地不客气，以至于她自己的愤怒都没有了。丈夫过度认同了她的愤怒，解除了她愤怒的情绪，同时也取走了她用以申诉的精力。这是一个简单的抽取性内射的例子。当父母一方总在不停地这样做，孩子的自体会受到削弱。

笔记

温尼科特的概念来自于他作为一个儿科专家和母婴关系分析师的经验，在下面的文章和书籍中可以找到：

《原始母亲预设想法》（1956）

《抱持性环境、抱持性关系、抱持和掌握，以及母婴关系的核心》（1960）

《环境的母亲和客体的母亲》（1945，1963a，1963b）

《心身搭配》（1971）

《潜在空间和过渡性客体》（1951）

《真实自体和假性自体》（1965 和 Bollas 1989b）

对温尼科特的概念的全面评述，见 Phillips（1988）和 Grolnick（1990）。

《内射和抽取性内射》（Bollas 2000）

第七章　位态的概念

梅兰妮·克莱茵关于位态的概念是什么？

克莱茵描述了两种基础位态：偏执—分裂样位态和抑郁位态。这与弗洛伊德关于性心理发育阶段的观点是一致的。克莱茵通过对母婴关系的研究得出了她的观点，并在移情中重现。无论在临床督导还是在对母婴关系进行直接观察的讨论中，她的观点都显得生动。

偏执—分裂样位态存在于生命最初的几个月里，这时婴儿面对着几乎最严重的焦虑，而他的认知加工器官却最不成熟。通过从经验中习得，认知上逐渐成熟，婴儿有能力发展出更高级的功能形式——抑郁位态。

在偏执—分裂样位态中，婴儿的关系被分裂和对攻击性投射的压抑所占据。由此产生的客体关系因而也是片面的，其特征是全或无的属性。婴儿把母亲看成好的和坏的，或者更精确一些，好的乳房和坏的乳房，与这一时期婴儿内心中处于优势的部分客体相一致。婴儿感受的母亲是被婴儿幻想的口、尿道、肛门欲望的倾泻所劫掠。婴儿对母亲爱恨交加，但爱恋和憎恨不能同时发生，因为婴儿还不能将母亲看成一个整体的人。这一位态中，分裂和病理程度的投射性认同占主导地位，并作为防御焦虑和建立关系模式的方式。

抑郁位态是从3—4个月大时开始的主要发展状态。正在成熟的婴儿定时地越过分裂、投射和因而发生的早期关系的全或无模式，进入到对客体的关注状态中。婴儿逐渐获得认知上的能力，将母亲视为完整的人而对她的映像更加完整，母亲可以同时表现出好和坏、喜爱和拒绝的品性。在头脑中同时包容在场的好母亲和不在场的坏母亲的这一新能力，意味着分裂不再是应对痛苦的唯一选择。可以通过依赖内化的好的客体来忍受痛苦。一旦这在自体中是可靠的，婴儿将有能力容忍矛盾情绪，为对待客体的方式负有责任而体验到内疚，也能修复造成的伤害。在偏执—分裂样位态中占主导地位的嫉妒的早期方面，在抑郁位态中被内疚所修饰，婴儿开始关注和感激客体，并希望弥补或"修复"与客体的关系。对抑郁和迫害焦虑的处理在童年的开始几年一直持续。

一个人是否会从偏执—分裂样位态中成长出来，并随着逐渐成熟进入到抑郁位态中？

一旦在成长中出现，这些位态会始终存在于人的一生。我们并不是从偏执—分裂样位态成长出来而完全进入到抑郁位态，但一个比较成熟的人，其功能会更偏向于抑郁端。两种位态都有潜在的功能，无论是在正常状态还是在病理学上。作为成人，我们在两者间不断地变换。这两种位态都可以帮助我们应对世界，也都有自己的优势和劣势。偏执—分裂样位态是精神病的基础，但是也能促进我们对外部世界的洞察，有时是一种适宜的不信任态度。抑郁位态使我们能够关心他人，与受到伤害的重要他人产生共情并补偿他们，能接受失去和现实。抑郁位态并不意味着抑郁心境。它是指人有能力容忍内疚和失去所带来的抑郁，而且能够体验到对客体的关注。

克莱茵也描述了"躁狂式的防御"。一个不能忍受内疚的人，如果他的成长已经越过了偏执—分裂样位态的作用，可能会跳过抑郁位态，以此避免痛苦地意识到自己对他人造成了伤害，这种痛苦意识是与抑郁位态相伴而生的。他不是对受到伤害的客体感到担忧，而是轻蔑地控制客体，并否认它的分离、它的痛楚以及由此引起的矛盾情绪。对他人的关注可能会通过一种躁狂的修复尝试得到模拟，这样做可以掩盖对客体的影响，同时也可以用以避免为影响他人而负责。

只存在这两种位态吗？

上述这些是克莱茵描述的两种位态。最近，奥格登研究了伊瑟·比克(Esther Bick)、唐纳德·梅尔泽(Donald Meltzer)、弗朗西斯·塔斯丁(Frances Tustin)和其他几位贡献者的工作，他将这些人的工作和自己的工作整合起来，提出了一个更早的位态，他称之为"自闭—紧邻位态"。

自闭—紧邻位态来自于婴儿紧邻一个客体的需要，其边缘为婴儿自体的边界提供了定义。婴儿利用与身体上定义清楚的照顾者边缘的客体邻近，定义躯体的自体和内在的心理轮廓。与其他两个位态一样，自闭—紧邻位态在人的一生中也是持续存在的。

儿童和成年人都在这三种位态之间变换，是从自体首位到关注客体的连续统一体。在最焦虑的时候，我们只关注自体的发育和亲和（自闭—紧邻位态）；在更成熟的时候，我们关注完整的、情绪矛盾地爱着的客体（抑郁位态）；而另一些时候，我们与来自分离的、被压抑的客体中坏的部分的报复作抗争 (偏执—分裂样位态)(见图 7.1)。

```
         偏执—分裂样
         ↗        ↖
        ↙          ↘
    自闭—紧邻 ←——→ 抑郁
```

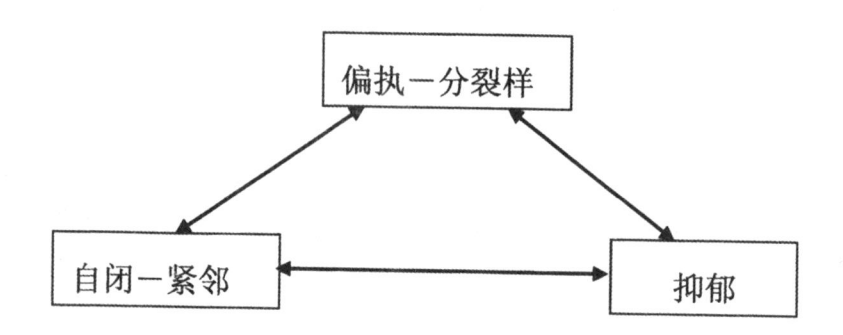

图 7.1 心理位态的连续体。摘自《客体关系个体治疗》，Jason Aronson 出版。版权属 David E. Scharff, 1988。

笔记

克莱茵研究了潜意识的幻想，以及婴儿和母亲之间的交流。她发现由于毁灭性的焦虑，起初婴儿把母亲当作部分客体来发生联系，之后婴儿才能够在头脑中将母亲视为一个整体，并且会关心母亲。这两种心理状态作为可能的联系方式在一生中都持续存在。下面的著作对此进行了讨论：

《偏执—分裂样位态和抑郁位态，分裂和投射》（Klein，1946）

《躁狂性防御、关注和修复》（Klein，1935）

Ogden 整合了 Bick（1968，1986）、Tustin（1981，1984，1986）和 Meltzer（1975）的早期工作，形成他关于自闭—紧邻位态的概念（Ogden，1989）。

第八章 依恋理论

谁提出了依恋理论？

约翰·鲍尔比(John Bowlby)是一位有分析师和行为学背景的研究人员，他研究了我们在生物学上的"天赋"和婴儿时期我们对养育关系的需要——这对于人类和其他哺乳动物都是真实的。他提出了依恋理论，这成为现代很多婴儿发育和母婴关系研究的基础。他通过行为学途径(动物行为)，令人信服地论证人类的婴儿为了生存需要与母亲建立关系。之后他观察了在与母亲亲近或分离所引起的焦虑方面的行为。

鲍尔比强调，人类的婴儿在受到威胁时需要依赖一个可靠的形象。照顾者的共情及对恐惧和抗议的一致性反应是令人平静和安心的。对这一安全基础的体验作为安全依恋的能力，同时也是自我抚慰的能力而被内化。这使游戏、探索、自省成为可能。如果照顾者不一致，婴儿与这一形象的依恋将是不安全的，而这会导致不安全依恋，并将抑制创造性思维、交流和冒险的感觉。儿童发展出内在的依恋工作模式——安全的或是不安全的，从而影响他们成人后与他人发生联系的方式，无论是作为亲密的伴侣、父母，还是心理治疗中的来访者。

鲍尔比发现依恋和丧失是中心问题，解决的本质决定了人格的发展和精神病理。他的工作确立了在大多数心理病理条件的发育中，与父母的分离和丧失父母的问题是首位的。

关于依恋理论还有什么要说的吗？

沿着鲍尔比的开创性工作，玛丽·安斯沃斯 (Mary Ainsworth) 和玛丽·梅茵 (Mary Main) 扩展了依恋研究的范围。安斯沃斯指出，当婴儿在分离焦虑之后寻求安慰时，他们对特定的家庭成员表现出特有的行为模式 (见表8.1)。某些婴儿容易重新发生联系，显示出他们觉得很安全。其他的婴儿则感到不安全，但表现方式有所不同：一些婴儿避免与依恋的形象接触，拒绝由他们提供的安慰；一些婴儿与依恋的形象保持亲近，但也拒绝安慰；其他的婴儿则因为分离和重聚而变得完全混乱。婴儿的依恋模式在很大程度上受到照顾者依恋模式的影响，尤其是在与照顾者的交流中。然而，依恋不是一个简单的二元事件。与不同的家庭成员形成的不同的依恋模式将会对孩子内在客体的形成产生影响，接着再影响长大后对伴侣的选择。

表8.1　婴儿和成人依恋模式的分类

婴儿的模式	成人的模式
安全型	自主型或安全型
不安全型或回避型	回避型或轻视型
不安全型或抗拒型	抗拒型或先占型
混乱型	混乱型或未解决型

摘自《客体关系个体治疗》，Jason Aronson 出版，版权属 Jill Scharff, 1998。

婴儿的依恋模式是否和父母是一致的？

梅茵和鲁丝·戈尔德温 (Ruth Goldwyn) 测量了成人的依恋模式，发现成人也可以是安全的、自主的和自由表达的，或在以下几个方面是不安全的：被亲密的关系预先占据并产生依赖；轻视亲密的需要而强迫性地自我依赖；或者对拒绝感到全然的恐惧。具有安全感的和被预先占据的成人对亲密伴侣的感受是正性的，而轻视的和感到恐惧的成人对伴侣的感受更负性。依恋模式的概念帮助我们将进入治疗的家庭成员的行为视作是建立安全基础和避免再次建立不安全的基础的尝试。

有没有人在研究婴儿的同时研究成人的依恋行为？

梅茵注意到婴儿的依恋策略倾向于与成人照顾者的策略相关。彼德·冯纳吉 (Peter Fonagy) 指出父母将婴儿体验精神化（反映、思考和理解）的能力是决定依恋类型的最重要因素。具有安全感的成人对自己的过去感受连贯，从父母那里获得自主性，拥有良好地反映孩子感受的能力，他们养育的孩子倾向于形成安全型依恋。回避型或轻视型的成人压抑情绪，否认负性一面，将过去的经历理想化，他们的孩子倾向于形成不安全型的依恋，回避他们对依恋的需要。抗拒型或先占型成人对自己童年的体验是不连贯的，与父母纠缠不清，感受泛滥，他们的孩子可以预见是无安全感地亲近而拒绝安慰的。如果父母是混乱型或未解决型的，他们不能调节感受或行为（这是他们童年时期受到不可预测的、使人创伤的养育方式的结果），而他们的孩子则倾向于不能组织好自己的感受，对父母表现出古怪而混乱的反应。

依恋理论和客体关系理论有什么关系？

英国客体关系理论和依恋理论都坚信，人类不是由本能而是由对关系的需要来驱动的，我们不能脱离社会背景来理解一个人，安全的内在感受来自于早年的照顾体验。因此，这两个理论都将内部和外部世界联系起来。依恋理论把内在现实处理成内在工作模型的集合，而客体关系理论把自体当作动态关系中内在客体关系的系统。依恋理论运用系统的观察，其焦点集中在对分离和重聚行为的研究上；客体关系理论运用自由形式的观察和直觉，研究和解释治疗关系中复杂而微妙的行为变迁。这两个理论都聚焦在可观察的行为上，并将防御、焦虑和动机纳入考虑。客体关系理论加入了由投射性和内射性认同引出的潜意识幻想和潜意识交流的概念，以详细阐述内在和外在现实之间的关系。依恋理论对此进行了延续，指出母亲精神化的能力会影响孩子的依恋类型。

很多精神分析师拒绝依恋理论，因为它转移了我们对发育过程中的潜意识幻想和本能驱力的关注，而将注意力集中在儿童养育经验中的外在现实，这被看成是反精神分析的。但是，客体关系分析师接受了鲍尔比的研究发现，因为这与临床实践中得出的观点是一致的：婴儿通过内化体验来形成自体的结构。

依恋理论不是治疗，那么它如何在临床上起作用呢？

依恋理论改变了治疗中倾听的方式，以及我们对移情的解释。我们倾听来访者叙述中的不一致和中断。我们注意来访者的记忆是词语的形式（储存在左半球，表示学会语言之后的外显记忆，或者是由敏感的父母转换为语言的记忆），还是形象的形式（储存在右半球，表示早年经历的内隐记忆，或者是父母不能消除的创伤）。我们已经知道内在的工作模式会影响来访者与治疗师建立关系的方式，因此我们将准备使自己起到安全基础的作用，来访者能够在这样的基础上开始探索。来访者对安全和稳定接近的需要告知我们设计治疗框架的方式，面询的长度可预知而有规律，在我们提供了类似早期童年照料的治疗关系时，帮助我们发现并解释背景性移情。"精神化"是从研究中得出的一个术语，它对治疗师的活动进行了很好的描述。治疗师就像一个安全的父母，关怀需要注意的儿童，去感觉、想象和理解来访者的体验。当来访者在讲述自己的故事时不断地出现停顿和口误，我们不是假设他在掩盖或压抑驱力的入侵，而是想知道这个来访者在孩提时是否遭受着因为母亲的精神化失败而引起的无法想象的焦虑。

依恋理论和研究为精神分析提供了一个安全的基础，但是它本身不足以来理解婴儿形成的内在客体关系。它不能解释在不同的发育阶段，客体关系是如何在婴儿（之后是儿童和成人）的体质和气质与家人的各种依恋类型的相互作用中被改变的。这些家人可能是父母、祖父母、家庭中的其他孩子，之后是配偶和自己的孩子，所有人都要在一生中面对这样不可预测的挑战。

依恋理论的发现能够扩展到夫妻和家庭治疗中吗？

内在的依恋工作模式会影响在亲密关系中我们如何感受我们的伴侣。以一位有着安全型依恋的女性为例：她正性地看待自己和伴侣。如果这个女性属于先占型或抗拒型，她会正性地看待伴侣，但她对自己的看法却是负性的；如果她属于回避型或轻视型，由于她更愿意依赖自己，她对自己的看法是正性的，而对伴侣的看法会是负性的；但如果她因为害怕而回避亲密关系，那么她对自己的看法也会是负性的。

每一对可能的夫妻都会形成复杂的依恋。在这样的关系中，他们彼此依赖，彼此支持。在理想的情况下，伴侣们将夫妻关系看作一个比任何一方都重要的整体，一个安全的基础，夫妻为此进行同样的付出，也都能从中收获自信。最坚固而稳定的联结发生在两个自主或安全的成人之间。稳定的联结也可以发生在回避的男性和焦虑或矛盾的女性之间，但是焦虑或矛盾的男性和回避的女性之间不会维持长久的关系。不安全的伴侣会以僵化的角色出现，彼此防御，以支配和服从作为相互作用的方式。安全的伴侣之间享受着互惠主义、弹性的角色分化、平等和尊重。

笔记

婴儿的依恋研究（Ainsworth et al. 1978）

安全基础（Bowlby 1969, 1973, 1980）

成人的依恋研究（Main and Goldwyn in press）

依恋理论的临床应用（Slade 1996）

依恋理论和精神分析（Fonagy 2001）

精神化（Fonagy 2001）

夫妻关系中的复杂依恋（Morrison et al. 1997a, b; Fisher and Crandell 1997; Clulow 2001）

第九章　神经生物学和情感调节

神经科学的最新发现对客体关系治疗有何帮助？

客体关系治疗师通常都相信提供情绪的抱持和容纳焦虑的有效性。他们认为这对于建立适合潜意识交流的安全关系是重要的，同时对于培养移情和反移情之间的交换，并解释此时此地所发生的内容和反映了怎样的内在客体关系设置及与个人史之间的关系，这些问题也很重要。治疗师根据行为的改进、情感的调节和自我分析的能力，评估这些过程引起的治疗行为。现在，神经科学证实这些过程确实可以促进大脑的生长。

神经科学发现的迅速积累产生了研究精神过程的生物学，这正是弗洛伊德曾想象的，但是他自己不得不放弃了这一方向的努力。因为当时没有相应的技术支持，同时为了发展精神分析，他也专心致力于潜意识过程、性心理发育和心理结构的形成等方面。现在，神经科学家运用脑成像技术将神经生物学和精神分析联系起来。他们的发现显示了人格发展、潜意识交流和治疗行为的神经生物学基础。神经生物学证实了客体关系理论的原则，即强调关系对于儿童发育和心理治疗的重要性。

有什么证据吗？

现今脑成像研究有充足的证据显示，如果婴儿被养育在一个温暖的、互有反应的关系中，母亲或其他照顾者配合得当，婴儿的大脑可以得到最好的成长。从婴儿期到3岁，右侧的眶额叶皮层（右眼上方的大脑区域）生长迅速，而且也是那个时期大脑的优势部分。右半球被用来迅速而重复地处理与母亲的交流。这对于婴儿产生单个词语（妈妈、爸爸、是、不）的能力是关键的，所有这些都表达情绪，并与重要的关系产生联系。它整合并监督其他大脑区域的功能（杏仁核、丘脑和边缘系统等处理来自母亲的面孔、眼睛、声音和触摸的输入信息）。

右侧额叶专用于理解他人的情绪和表达情绪。右半球是处理情绪信息的执行中心，而且一生都不会改变。

左侧额叶专用于语言的理解和表达。左侧额叶使线性思维和逻辑思维、流畅的语言交流成为可能。左侧额叶皮层的生长直到3岁才趋于成熟。然后幼儿才从使用单个词语转为使用有结构的句子。

婴儿的大脑在母亲大脑形成的营养基中得以生长。在陪伴关系中，母亲和婴儿会在远未达到意识知觉的水平下读懂对方的心思，这比两个成年人理解对方的语言要快得多。额叶发生改变和生长的能力持续一生。正如成年时你仍然能够学习新事物或掌握一门新的语言（即使随着年龄的增长神经元会减少），你在一生中都能学会新的情感模式，这由大脑中神经元连接的模式和神经化学的改变所介导。

限制大脑生长和分化的因素有哪些？

出生时，婴儿的大脑已经含有丰富的神经元，但是正在建立的联接网络还不丰富。大脑结构的建立在本质上受到环境的影响。当然它的发育也会受到化学毒素和营养匮乏的干扰，它们会对神经元造成损害。客体关系理论家常常认为大脑是由社会经验塑造的。现在，神经科学有办法证明这一点。客体关系治疗师长期以来一直注意到人际忽视和创伤会影响心智的发育。神经科学显示这是通过抑制神经元和大脑亚单元之间联系的生长而发生的。脑扫描研究显示，严重的创伤还会导致功能亚单元之间失去神经心理学上的联系，而正常情况下它们会整合起来执行功能。对于那些没有感觉或感到分离的被试，扫描研究显示右侧丘脑—边缘区域以及它们与右侧眶额叶皮层的联络区的活动很贫乏。而在创伤性应激障碍的患者中，对那些遭受恐惧闪回的被试的扫描研究显示，右侧杏仁核的活动增强，而这里正是产生恐惧反应的地方。那些遭受严重忽视和创伤的人，研究显示他们的大脑功能模式僵化，右半球生长不完全，神经网络的连接也要少一些。

神经科学对潜意识进行了定位吗？

右侧眶额叶皮质是潜意识的位置，或者至少是潜意识过程的硬件和软件。这里储存着内隐记忆和程序记忆，以及躯体体验和社会体验之间的联系。它处理与他人通过持续潜意识交流中的投射和内射性交流发生的情感的相互作用。这发生在父母和孩子、亲密的伴侣、治疗师和患者之间。这一过程是相互的，由相互交换情感的快速交流组成，右半球到右半球，几乎完全在意识知觉水平之下。对猴运动皮层的研究揭示了镜像神经元的存在，它们在一只猴子观看另一只猴子做动作的时候被激活。也许神经科学家会在右半球的某些区域发现相似的镜像神经元，它们记录面部表情和声调。推之及人，这可以成为与重要他人的情感体验进行内射性认同的心理机制的神经基础。

这种潜意识的传递对发育有重要影响。在长期的关系中，每个人都会影响其他人的心理状态和他们实际的大脑组织。通过不断的交流，一个人的心理构成了另一人的心理。

情感是如何交流的？

面部是情感表达的主导器官。科学家指出面部有着丰富的神经肌肉结构，并因此能够产生各种各样的情绪表达。有一些是普遍的（如微笑和厌恶），而另一些在特定的场合下有细微的差别。丰富的面部表情伴随着丰富的音调变化。表达情绪的能力与右脑的活跃程度是相关的，而这也与快速而准确地理解他人的情绪表达有关。当你感受到另一个人的情绪时，你自己的心理状态也会产生共鸣，可推测和大脑的运动区一样，是通过镜像神经元的活动来实现的。

为什么这很重要？

在我们的进化过程中，我们逐渐有能力通过解读面部表情来感受对方的感觉。在最基础的水平上，这促进了我们的生存：我们可以探测敌人的意图，也可以和朋友和谐地工作。智力让人类能够发展出生存的策略并统治地球，但情感智力是关系和文明的基础。

理解和调节情绪的能力对于自体的成长是关键的。母亲用她的能力来理解婴儿的心理和躯体体验，以帮助婴儿调节身体状态、精神状态和感受。陪伴关系中的两个人共同建造了孩子的情感现实。这意味着依恋关系的首要性是为婴儿提供一个调节情感和心理状态的平台。情感、心理状态和调节的能力是自体逐渐发展的核心。

自体是如何从情感中建立起来的？

情感首先是通过母亲调节的。母亲通过精确的镜映来标记婴儿的表情，婴儿感到自己被理解。冯纳吉将这称为"依附标记"。但是稍大一些的婴儿更倾向于母亲的表情和自己的表情有一些不同。冯纳吉将这称为"非依附标记"。母亲做出一个足够相似的表情来告诉婴儿她已经接收到了信息，但是也有足够的差异来修正婴儿原始的情感，如调高或调低音量。这样母亲不仅标记了情感，而且还开始对此进行调节。她可以标记一个轻微的差异，改变差异的程度或随机地延长或缩短每次反应的间隔，逗引婴儿直到他们之间发展出一种或可称为游戏的互动。

在很多这样的交流中，母亲和婴儿共同合作来调节情感，然后随着自我与内在客体和外在客体的交流，婴儿逐渐地过渡为自我调节。这一过程和这些内在客体形成了共同组成自体的单元。渐渐地，婴儿发展出不断成长的自体感觉。最初的自体是躯体的自体，一个使事情发生的自体，接着是更多地为愿望或意图驱使事情发生的自体，之后自体有了叙述的能力。最终，最成熟的自体的本质是对一个自传性自体的自省认识，大约在4到5岁时开始出现。这时儿童可以讲他们自己的故事，并思考是如何经历它们的。自体的各个方面一经出现，一生当中它们都会持续地共同存在。

情绪成分和早年记忆储存在右侧皮层之中，而语言的方面则主要储存在左侧。最理想的成长需要这两种思维方式的整合和相互促进。

神经科学对心理治疗有什么帮助？

我们把心理治疗看作是"谈话治疗"，但是谈话能有什么帮助呢？它帮助我们分担问题、减轻负担，但是真正的价值在于让话语成为体验，并最终达到解决、掌握和理解冲突的目的。解释的表达是有用的，因为这显示了情感上的理解。即便如此，治疗师的影响主要是通过潜意识的交流来实现的——右脑到右脑。来访者和治疗师之间对情感的共同调节可以引起新的自体调节和自体成长。右侧眶额叶皮层在一生中都具有可塑性，这使连接可以发生改变和生长，以此促进情感的成熟。左侧的额叶皮层支持语言的理解，可以促进回顾和自我反省。大脑扫描研究显示长程心理治疗可以导致大脑的永久性改变。

笔记

依附和非依附标记（Fonagy, P. et al. 2003）

面部表情（Tomkins 1995）

神经发育（Siegel 1999）

神经发育和情感调节（Schore 1994，2003）

神经科学和心理治疗（Cozolino 2002）

第十章 创伤

童年时躯体创伤和性创伤主要会产生怎样的影响？

躯体创伤和性创伤是不安全家庭抱持环境的起因和结果。正常抱持环境的扭曲在图10.1中进行了阐述。可先回顾一下健康家庭中抱持环境的简图（见图6.1），然后与图10.1进行比较。

图10.1显示了当父母（或其他成年人）在情感和身体上控制或干预孩子，而没有提供一个安全和助长的环境时，创伤对抱持环境产生的影响。关系的过渡区瓦解了。成人没有把通常能促进最佳成长的相互影响施加给孩子。成人突破了孩子用以保护心身整合的躯体和情感的防御屏障。成人不仅没有帮助孩子建立起内在客体，反而破坏了孩子建立心理结构的过程，自体分裂成不能整合的若干部分。

有过创伤经历的孩子几乎都不能很好地防御虐待。经历的创伤越强（即使在成人期），这段经历的储存就越可能像被密封起来，深深地埋在心底而被遗忘。核心自体可能意识到心理中的这些空白，或者碎裂的自体可以处理分离而无交流的记忆团。

受到严重创伤的来访者的思维往往是具体的，他们不是用语言表达，而是用身体失调表达的。就像弗洛伊德的那些癔病患者，他们的疼痛、麻痹或者咳嗽都是将创伤引起的无法承受的情绪反应转换成身体症状，虽然疼痛但却可以承受。现在我们认识到诸如此类的转换症状象征了无法承受的内在客体关系。受到创伤的患者可能会不断地重复看似毫无意义的动作，比如洗手，以此转移对创伤的注意力，试图洗去创伤而实际上不想起它，或者他们也可能会反复沉浸在日常琐事中，保护自己远离这种深切的情感痛苦。表 10.1 中对创伤的这些反应进行了总结。

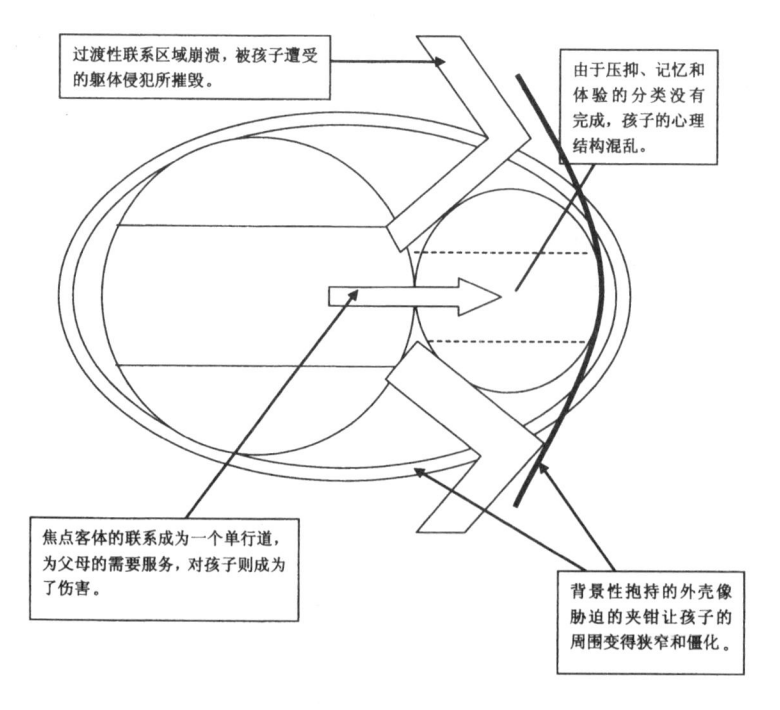

图 10.1 在躯体和性虐待中联系和心理结构的扭曲。摘自《躯体和性创伤的客体 关系治疗》，Jason Aronson 出版。版权属 David Scharff, 1994。

表 10.1　躯体创伤和性创伤对发育的影响

创伤核心的封装

心灵中的分离和空白

意识自体的分裂

自体的多重分裂，各自分离的记忆团，意识层面没有交流

对幻想进行加工和象征化的能力受损

刻板的、具体的、有时非语言的思考

日常琐事的防御性预先占据

躯体症状的预先占据

重复创伤的内隐记忆行为

摘自《躯体和性创伤的客体关系治疗》。Jason Aronson 出版，版权属 Jill Savege Scharff,1994。

治疗童年有过创伤经历的患者有何特殊的技术？

日常琐事的防御性预先占据维持了自体的连续性，尽管创伤仍然在不断地攻击内在自体。作为治疗师，我们看重这种"继续存在下去"的能力，而且我们尊重自体中被封装并被分裂出去的部分，以及它的内在客体。我们为治疗充当抱持背景，或是充当屏幕接收来访者内在客体的投射，我们在两者间小心地做着变换。我们既要是活跃的在场客体，代表那些过去曾给予帮助和伤害的形象，也要作为安静的缺席者，代表那些在关键的时候没有出现的照顾者。我们在极度细心地工作时，需要在创伤处理和继续生活之间保持平衡，因为这能让患者发展出新的安全感。这一过程让我们能够慢慢地再次创造一个过渡性空间，在这里来访者能够开始将包含在躯体症状或症状性行为中的内隐记忆转换为外显的思考和幻想。我们支持"属"的成长，即治愈性核心，它

收集好的体验，以此修复和置换损伤和自我毁灭的创伤性核心。我们一直致力于通过移情—反移情的交换来恢复来访者内心世界的形象。我们将形象和主题叙述出来，这样意义可以从中产生。这些都是为了帮助患者重新发现一个自体，这个自体同时也是它自己的客体，即一个可以被探索、被体验、被爱和被理解的自体。表10.2对创伤后治疗的一些特殊方面进行了总结。

表10.2　针对创伤的客体关系治疗技术

- 愉快地接受继续存在下去
- 对分裂进行联系
- 再次创造一个幻想的过渡性区域
- 监测抱持环境
- 在背景和焦点之间转换
- 解释躯体的交流
- 在创伤和继续存在下去之间保持中立
- 在移情—反移情中恢复形象
- 将形象以叙述的方式表达出来
- 再次找到自体，并作为它自己的客体
- 治疗师既是客体，也是缺席的那部分
- 将创伤转化成"属"

摘自《躯体和性创伤的客体关系治疗》。Jason Aronson出版。版权属 Jill Savege Scharff, 1994。

你能阐述童年性创伤对女性的影响吗？

弗蕾达最初来治疗是因为无生理原因的腹痛。她在幼时看到父母性交，这段记忆很容易想起。但是在七八岁的时候，父亲曾经强迫她口交，和她发生性关系，这些事她用了几年时间才想起。当时，弗蕾达开始来月经，为了解释她的血是从哪里来的，她的父亲把手指放到她的阴道里。她记得自己为了躲避父亲，总是藏在自己的小房间里，在那里她以损毁玩具娃娃为乐，她用剪刀在娃娃的两腿之间剪开，然后把番茄汁挤到伤口里。成年以后，弗蕾达只有在分离的时候才能和丈夫发生性关系，虽然她爱自己的丈夫，也信任他。

治疗开始以后，弗蕾达很害怕从自己的内心当中再次唤醒那段创伤。于是她感到和丈夫发生性关系，还有治疗本身，都可能会再次带给她创伤。作为对这一恐惧的反应，她避免和丈夫发生性关系，并且在多次治疗中一直将治疗的焦点放在她的家庭日常生活上（她的工作、驾车带孩子、天气），很少做梦，只有偶尔几次出现了几分钟痛苦的感觉。在这些短暂的进入到创伤事件的时刻中，她常常被自己人格中已经被分裂出去的儿童所占据，恐惧地看着周围，就像蜷缩在自己的小房间里，不让父亲找到她。

经过很多年漫长而辛苦的治疗，倾听她的日常琐事，治疗师开始和弗蕾达建立一种安全感。这让患者能够用语言表达自己的害怕，将创伤的躯体和行为表象转换成叙述的形式，减少记忆团和创伤性核心中的分离性空白，用"属"来替换创伤的方方面面。

童年创伤和童年期重要形象的丧失有什么不同？

术语"童年创伤"被用来指早年应激性的经历，如分离、惊恐、亲人丧失。除非这些经历能用语言表达，积极地感到悲痛，并被修通了，否则这些经历会导致心理上的负担，有时还会导致后来生活中的症状，如抑郁。我们并不是说早年父母的去世不是创伤，但这不是隐秘的，而且孩子可以求助于社会支持。我们使用"创伤"这一术语来指单次打击或压倒自体的积累效应对心理形成的挑战，要么因为创伤很严重，要么自体很微弱，当然也因为孩子无力改变已经发生的事情。当然，在实践中这些差别可能并不是很明显。

成年后的创伤会怎样？

对第二次世界大战中的创伤性战争神经症、越战后的创伤后应激障碍、核爆炸受害者的研究显示，躯体和心理上的压力可以击倒成熟人格中最好的防御，并导致严重的分裂和对创伤的封装。这也是应对情感痛苦和灾难恐惧又一次侵袭的方法。新的创伤会与先前存在的任何丧失和创伤相呼应，使个体之前处理适当的内心损害被当前的创伤加重，而且也变得更加复杂。

创伤对其他的家庭成员会有怎样的间接影响？

一个家庭成员的创伤通常会对其他家庭成员产生间接的但却严重的影响。这首先是因为其他家庭成员会受到经历创伤的人有所改变的影响。其次，不论父母怎样不想让孩子分担，过去的创伤常常会代代相传。这是因为他们以一种不为人知的、潜意识的方式，传递的是创伤内在的客体关系。

在主要的创伤发生之后，心理会与痛苦分离开，创伤性内容会被驱逐到一个偏僻的角落，包上外壳封装隔离起来。这是应对无法抵抗的焦虑的一种原始方式，这样人可以继续生活下去。这个外壳随着时间会加厚、变硬，阻断自体不同部分之间的潜意识交流。这将导致人格的僵化。如果这个外壳变弱了，创伤性内容可能逸出，这时人会感到非常恐慌，用尽方法逃避心理压力。在外壳周围保持一个紧实的边界，这似乎可以有效地防止创伤被激活。然而，这样却可能通过投射性认同将创伤传递给下一代，而他们可能会因此产生症状。

例如，如果父母曾在童年遭受到性虐待，他们会竭尽全力地不对孩子造成伤害，但是他们也会传达出严重的焦虑，觉得性会毁了自己的孩子。他们的音调和焦虑的眼神都会向他们的孩子传送恐惧的信息，尽管他们并没有这样说。

你能举例说明成人的躯体创伤及对家庭的影响吗？

托尼和特里萨已经结婚 12 年了，他们有三个孩子。当托尼意外地需要截肢而失去右臂和肩膀，他们都受到了创伤。托尼因为哮喘发作接受了注射治疗，之后他的手臂出现感染。医生们用尽了办法想要控制托尼的败血症，但是都失败了。最后医生告诉特里萨必须截肢才能挽救他的生命。她没有选择，只能同意。

手术之后，托尼变得严重抑郁，无法与家庭和睦相处，也不想学习电子假肢的操作。托尼和特里萨相互咆哮，但是托尼否认自己生特里萨的气。他说特里萨已经尽力了，他很感激。他只是生自己的气。在治疗中，这对夫妻意识到为了回避无法控制的愤怒，他们都在回避对方，因为他们总是通过转移的方式处理愤怒。在创伤发生之前，他们也一直是这样做的。

托尼的父亲酗酒，经常虐待他和他的母亲。托尼总是替母亲和姐姐承受虐待来保护她们。特里萨则总是帮她的四个姐姐把怒火引开。一次，特里萨的母亲用一口铁锅打她的头，伤口缝了十针。托尼和特里萨结婚以后，他们发誓永远不打对方和孩子。结果，愤怒的时候他们会赤手空拳击打家里的墙壁，直到满手是血，甚至指关节都受伤了。为了调教孩子，他们自创了一种叫作"面壁"的方法。他们让孩子头紧靠墙站着，直到他们表现好为止。

在治疗中，托尼和特里萨尝试着探究创伤以外的问题。他们对治疗师（其实他自己也是医生）有潜意识的恐惧而显得拘束，这既反映了他们在成长过程中对父母缺乏安全感，也反映了由于近来托尼与治疗哮喘的医生所经历的不幸事件，他们对医生也缺乏安全感。随着夫妻开始对治疗师产生信任，治疗师能向他们说明使用墙壁是在逃避让对方再次受到直接的创伤，而这实际上在他们之间形成了阻碍交流的墙。对这对夫妻的治疗包括容纳日常琐事，这与治疗单个创伤来访者是一样的。在这段过程中，治疗师和患者之间能够形成安全的背景环境，从中来访者得到重建一起继续存在下去的能力。

你在儿童的游戏或梦中能看到创伤的间接影响吗？

他们的一个孩子小托尼，在父亲做截肢术的时候他9岁。在一次全体家庭成员的治疗中，他显得非常沉默，而他的姐姐和弟弟都能非常自如地和治疗师谈论所发生的事情，以及他们多么担心父亲可能会死去。当父母说小托尼的学校功课急剧下滑，在家里也表现得很抑郁时，治疗师要求能单独和小托尼聊一聊以便做进一步的评估。

在个体治疗中，小托尼再一次表现得非常沉默。虽然他显得既不愤怒，也不对抗，但是他却不能玩一些数字和绘图的游戏，对直接的问题也回答得闪烁其词。最后，治疗师建议他们玩潦草画线游戏，这是由唐纳德·温尼科特发明的一种对儿童进行评估的技术。治疗师潦草画一些线，要求托尼补画成一幅图。然后治疗师让托尼也画一些潦草的线，治疗师来补成图。他们依次轮流，托尼逐渐活跃了起来，开始的时候他只是简单地跟着治疗师的线画些线条，后来他的图画越来越能暴露出已内化的创伤。随着游戏的进展，小托尼说出最近的一个梦。他和族里的兄弟及他们的父母回墨西哥的老家度假，他的父亲驾车，就像事故发生前一样。途中他的一个姐姐却没有与他们在一起。这个梦展现了一次家庭旅行中理想化的家庭群像，也许牺牲了姐姐来代替父亲的手臂。

回顾这些图画，小托尼说图10.2是一只恐龙。它的特征是张着大口、像蛇或恐龙之类的动物，但是它也像是手臂骨骼上连接肩部的部分。图10.3是他的下一幅画，这是一个"恐怖的鬼"，但它自己看起来也像是见到鬼般的恐惧。图10.4是他的最后一幅画，是一个被鬼惊吓的人。

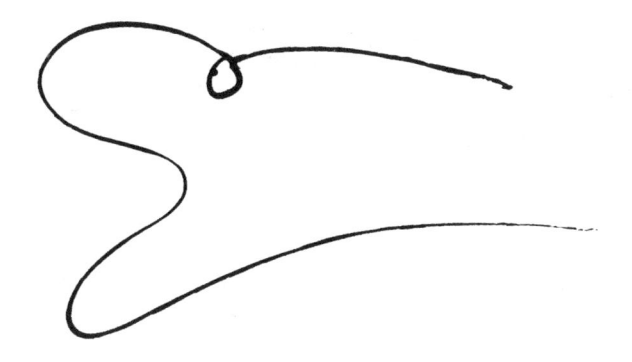

图 10.2 恐龙的潦草线图　小托尼当时害怕表达渴望、好奇和攻击。摘自《躯体和性创伤的客体关系治疗》。Jason Aronson 出版。版权属 Jill Savege Scharff, 1994。

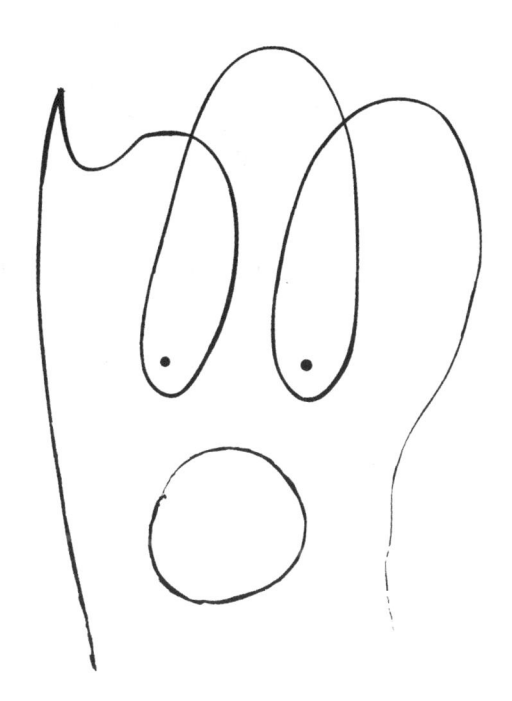

图 10.3 恐怖的鬼　小托尼当时能够开始处理恐惧和惊恐。摘自《躯体和性创伤的客体关系治疗》。Jason Aronson 出版。版权属 Jill Savege Scharff, 1994。

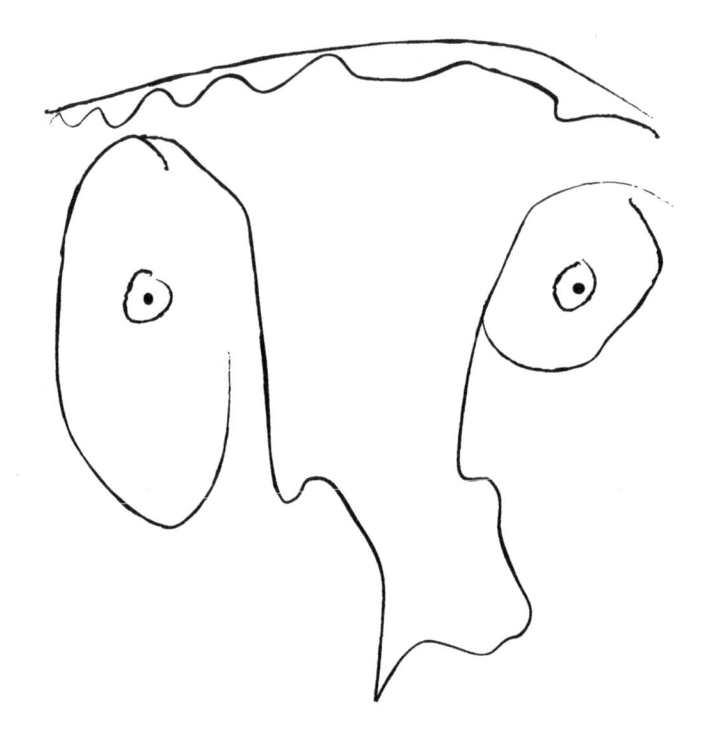

图10.4 被鬼惊吓的脸 最后，小托尼暴露了对创伤这只恐怖的鬼的碎裂的反应。摘自《躯体和性创伤的客体关系治疗》。Jason Aronson 出版。版权属 Jill Savege Scharff, 1994。

在现实中，小托尼对父亲发生的事情感到如此悲伤和害怕，而又无法表达，以至于他在学校的学习能力严重受损。在他的梦中，他创造了一个没有遭受痛苦的家庭和完好的父亲。在游戏中，他起初完全闭塞，直到治疗师以非言语的形式与他建立联系才打开心扉。父亲失去右手对他来说是这样的创伤，画画将有助于了解这个孩子能否有效地使用自己的右手。

第十一章 混沌理论

混沌理论如何扩展了客体关系理论？

混沌理论是与处理持续反馈的动态系统有关的一套原则。在数学、气象、物理和生物的交叉领域已对混沌进行了研究。这些系统的行为——如天气、漩涡、艺术、生物有机体、人类的人格和普遍的生命——如此无序以至无法预测，支配它们的方程式也复杂得不能解答，但是科学家应用先进的计算机技术，找到了处理它们的方式——"迭代方程"。

迭代方程

为了将方程进行迭代，科学家先解决 x，将它作为方程下次运算的起始点，并且重复数百万次，每一次 x 的值随条件的改变都有微小的差异。将结果作图，便会得到该系统的可视轨迹。当这个方程已经被重复了无数次，一个可识别的模式便显现出来。

初值敏感依赖

在很多次迭代之后，动态系统中初值或条件的极小差异都会导致系统产生无法预料的巨大改变。

你能举例说明初值敏感依赖吗？

生物系统是工作在这样的操作原则上，它们被设计为有机体提供反馈，然后有机体根据反馈进行调节以获得适应。如此反复发生。生命和治疗中的成长和发育可以看作是迭代方程。例如，某地区天气因素的微变可以导致另一个地点的天气发生出乎意料的巨变。从理论上讲，巴西的一只蝴蝶振动翅膀可以引起气象事件的连锁反应，并且最终可能导致得克萨斯的雷暴。出于这种理论上的可能性，"初值敏感依赖"这一原则也有一个别名：蝴蝶效应。

你还能再介绍一些混沌理论中的概念吗？

转向力

转向力是施加给系统的力促使系统发生改变的压力的总和。家庭成员与保存在他们内在客体关系中的家族史间的相互作用，既给这个群体的人格模式整体施加转向力，也对每个家庭成员个体施加转向力。家庭中某些成员的影响力比另一些影响力更大。例如，母亲的内在客体关系会对孩子施加很大的转向力，而已经离家的女儿对她兄弟姐妹的转向力就相对弱小。在个体心理内部，内在客体在对与他人的交流模式施加转向力的同时，相互之间以及对内部心理状态也会施加转向力。

自组织系统

在混沌的边缘，混沌系统表面上的混乱呈现出可识别的模式：通过环境中不那么混沌的系统来进行自组织。例如，在海滨，陆地规范海洋的汹涌，而海洋塑造和改变着陆地。

分形

分形是一种跨越不同标度等级的自相似模式。当系统的不同部分和不同放大程度重复着某种模式，我们就可以看到分形标度。它们显示了自相似性，但不是完全相同的。例如，树叶上脉络的模式与树叶长在树干上的模式大致相似，又与树干长在树上的模式大致相似。海岸线反映在组成它的岩石的形状和分布上，也反映在组成岩石的晶体的微观排列上。艺术源于自然，应用分形可以创造一个令人愉悦的整体。例如，在美轮美奂的建筑物中，小特征能反映出整座建筑结构的形式。

什么是吸引子？

固定的、有限循环的和奇异的

固定吸引子看起来在一个点上推动系统向可预测的停息变化（像是受重力控制的钟摆）。有限循环吸引子使系统按照固定的模式持续变化（像是由电力控制的钟摆）。奇异吸引子使系统按照复杂的、显然随机的模式改变，并引导系统走向有组织的模式。似乎所有的吸引子都是组织系统的力，但它们实际上为系统动力学所组织。当支配复杂生物系统的组织原则使系统一次次运转，这个系统并不是精确地重复，但最终它会产生可识别的模式，这就是奇异吸引子。例如，似乎是漩涡带动水的旋转，而其实是水的流动产生了旋转。

吸引盆是奇异吸引子对系统似乎施加特别强大推力的区域。例如，某片水域在漩涡的影响之外，但是由于那里的物体随水流运动，它们更有可能被卷入漩涡中。

你能举例说明吸引盆吗？

家庭生活的模式吸引家庭成员进行重复的行为，其中的成员常说他们距离家庭越近（即离家庭的吸引盆越近），就越容易陷入到家庭的模式中。同时，个人重复的行为合在一起就产生了家庭系统的群体动力。

你如何定义鞍点、分岔和级联反应

非线性系统在条件影响下到达鞍点，而条件推动这一系统向两个不同的方向流动，因此就产生了分岔。从数学上说，描述这些系统的方程突然有了指向不同路径的两个解。对这些条件的持续敏感产生进一步的分岔，这两个亚系统成倍增加，变成四个、八个、十六个等等，这样就形成了级联反应，直到整个系统分裂成混沌状态。在混沌的边缘，系统可能又会满足条件而影响它再次走向重组织。

混沌理论与客体关系理论如何联系起来？

在人类生活中，连续的经验可能会分支，重新联合或最终在混沌中结束。年轻人的酒精试验可能在周末增加，这导致两个模式：（1）工作日学习和享受一杯啤酒的模式；（2）周末的酗酒——直到成人的责任感创设条件，使他的习惯缩减成偶尔的、适量的饮酒。他某位朋友的饮酒可能分歧成持续的酒精和药物滥用，直到他的不可靠让他丢掉了第一份工作，这时他才顺从地寻求帮助。还有一种情况，他的朋友可能无法重新组织，并持续陷入到酒精成瘾的混沌中。

在费尔贝恩的理论中，自我的分支（或分裂）会经历两条线——拒绝和兴奋——这取决于幼小的自我在早年遭遇的养育条件。这一内在客体的分裂为第二次分裂或分支施加了进一步的分裂力，使得相互联系的自我和客体分裂成了力比多和反力比多的部分。如果经验施加进一步的压力，这些最初的分裂则可能进入级联反应，导致自我和客体的碎裂，彼此之间无法以任何模式进行联系，结果会产生精神病性的混乱。

在克莱茵的理论中，为儿童系统施力的条件被称为"生和死的本能"。重复了多次经验迭代的分裂过程（分岔），产生了以原始婴儿人格系统的亚系统或分支起作用的内在客体关系。从内在客体关系的角度来看，在生命最初的几个月里，新的经验倾向于聚簇成好和坏两类（偏执—分裂样位态）。关于足够好的母亲发育更成熟的心智有更多学习的机会，这些学习可以修正婴儿的感觉并激励系统再次聚合，形成对客体更加整合的观点（抑郁位态）。如果不是这样，对照顾者好或坏的投射被设置在适当位置，并引起对他们的确证行为，导致投射的级联，直到一切都在他人和自体的碎裂中消失，这一模式被比昂称为"奇异客体"。

你如何将这些观点应用到家庭和个人？

家庭和个人的生活，像所有的生物系统一样，是一系列复杂的迭代方程。生命精细的反馈是通过多次重复完成的，并遵循生物学和心理学的操作原则。作为整体的家庭和家庭中的成员都根据家庭的操作方程来生活和工作，但是这些可以为经验所改变，如家庭的扩展，基因突变与其他有机体的经验不断地交流，或心理上的学习和成长产生了新的解决办法。在将操作方程运用到生命下一轮挑战的过程中，个体和家庭显示出初值敏感依赖。某天开始时的微小差异可以出人意料地影响到接下来的几周甚至整个人的一生，而一些看起来很重大的事情结果竟可能无关紧要。一场重病可能会阻滞发育，而在其他环境下，也可能朝着好的方向发生改变。这便是蝴蝶效应。

机能障碍的家庭陷入阻滞，总是重复做着无效的事情，其模式是有限循环吸引子的自相似模式。健康的家庭，就像健康的生物系统，日常生活中总是在混沌和有序之间改变，其模式是奇异吸引子的自相似模式，永远不会是完全一样的，但其模式足以被识别为动态系统的一部分。混沌模式有更强的能力来适应新的环境和需要。健康的家庭和个体在挑战之下对紊乱作出反应，打破原有模式并自组织出新的适应性模式，而受限的家庭只会重复过往无效的习惯。家庭和个人在发育中显示出分形尺度：父母间的交流模式在家族成员的交流和儿童的人格模式中都会有所显现。个人对治疗师的移情是内在客体关系整体的分形，也是家庭关系模式的分形。

混沌理论对于夫妻或家庭的形成有怎样的看法？

当两个人组成夫妻，双方基于个人经历的人格模式都起到奇异吸引子的作用。它们之间相互作用，彼此施加转向力，直到两个系统结合起来形成一个新的奇异吸引子，称作是"共同的婚姻人格模式"。当这对夫妻有了孩子，父母的人格和他们之间的关系模式作为奇异吸引子也施加转向力，形成与孩子的内在人格模式相交流的吸引盆，推动孩子的自体向这样或那样的系统组织靠近。当我们比较父亲或母亲的奇异吸引子模式、共同的婚姻人格、孩子正在发育的人格和所有的家庭交流模式时，我们发现了它们彼此之间分形的相似性。

孩子是如何成为父母的新客体的？

夫妻共有的孩子是夫妻之间相互渗透的实时体现，给他们的伴侣关系带来生机。孩子是父母性关系的产物，也代表了他们的性关系。此外，孩子作为独立的人，因此也是夫妻的情感、兴趣、憎恨所指向的新客体。同时，孩子也是夫妻的原始客体即他们自己父母的提示物；通过投射性认同，夫妻把自己的父母想象在孩子身上。孩子被体验为一个复杂的、有新有旧的内在客体，重新构造父母的自体和他们的夫妻关系。正如海洋和陆地在混沌的边缘彼此塑形，父母和孩子互相塑造着交流和人格。

混沌理论如何解释治疗中的改变过程？

所有这些将我们引向一个问题——当个人和家庭寻求帮助的时候，我们如何促进他们的改变。家庭和个人的动态对于重复的行为是强吸引盆。他们代表了自相似、有限循环的吸引子模式，这些模式很难发生改变。当这些动态变得无序，例如出现某些混沌，一个成员生病、坠入爱河、生存在不熟悉的文化中，或在治疗中探索潜意识，这时它们对改变是最为敏感的。

治疗师的功能就像新的奇异吸引子，总是带着强大的转向力。我们将微扰（微小变化）引入到心理的操作系统中，扰乱相对固定的、有限循环的系统，在这样的系统中家庭和个人受到阻滞。我们使用自己内在客体关系组织的转向力，通过训练、治疗、督导的磨炼来创造一个新的吸引盆，并与来访者合作建构一个新的奇异吸引子系统，从而获得更好的适应能力。由于分形尺度和初值敏感依赖，相对小的改变可以产生巨大的影响。像蝴蝶效应一样，一次治疗中对移情的准确解释可以对一个人的心理状态和与世界的交流方式产生雷暴似的影响。一个家庭成员的改变可以影响整个家庭。而当家庭的整体模式发生改变时，它也对家庭中的每一个成员施加了新的转向力。这样的改变并不会时时发生，也不需要。它只需要阶段性地发生以使一个人或家庭发生基础性改变。

你能举一个临床上的案例将混沌理论和客体关系理论联系起来吗？

一个同时结合个人、家庭和夫妻治疗的案例，涉及父母的性困扰及其对孩子发育的影响，治疗的过程在《客体关系家庭治疗和客体关系夫妻治疗原理》一书中有所描述。书里大卫·萨夫介绍了这个家庭的另一次治疗访谈，同时在客体关系理论和混沌理论两方面提供了广泛全面的观点或看法（我们将在第二十一章再次提到这个家庭）。

拉尔斯和维利亚，三十多岁有了三个孩子——艾里克、阿列克斯和珍妮特，他们在18个月里每周做一次家庭治疗。维利亚同时还在一个同事那里做强化个人治疗。这对夫妻在15个月里每周做一次性治疗，处理她性冷淡和他早泄的问题。性治疗进展顺利，但很缓慢，因为他们的性虐待经历而错综复杂：维利亚被她的哥哥爱抚，身体上受到父亲的虐待。十岁时，拉尔斯的父亲借口向他解释什么是性，鸡奸了他。拉尔斯是飞行员，性格孤僻。维利亚很抑郁，脾气暴躁。她的阴暗情绪和勃然大怒让拉尔斯感到绝望。艾里克有严重的破坏倾向，阿列克斯老是拉裤子，而珍妮特与母亲很亲近，她们的拥抱充满性的味道。我选择度完两周假期后做了这次面谈。

访谈开始时，母亲维利亚看上去非常抑郁，头痛得厉害，而父亲拉尔斯显得很安静。7岁的阿列克斯在地板上堆积木。10岁的艾里克让两架玩具飞机在空中交战。5岁的珍妮特叠了一架纸飞机，用积木围起来。"它躲在这里，妈妈。"珍妮特大声说。我默想，这个被围起来的飞机既是指我的不在场，也是指父亲对家庭的情感隔离。

父母旁观着，同时在谈论过去两周中性治疗上令人失望的退步。我在思考珍妮特关于飞机躲藏地的话，以及艾里克在玩两架飞机相互追逐，但又追不上，我把这看作是带有攻击性的、未完成的、原初的情景。我问他们俩："你们是否认为，作为亲密无间的夫妻，你们的退步与我假期的不在场有关，因为你们感到被我抛弃了？"

维利亚回答道："就我而言'是的'。我不知道拉尔斯怎么想。"

拉尔斯摇摇头，说："我真的不知道。"

我说："那么，很可能是这样。过去两周中没有了我的帮助，维利亚你感到不安。但是拉尔斯，你无法将性治疗的退步与我的离开联系起来，因为你在建立关联上就有问题。"

我想到比昂的概念——对关联的攻击是创伤性隔离的反映。我将拉尔斯的困境归因于对他的精神机能整合的攻击，因为他曾遭到父亲的性虐待。

此时珍妮特和阿列克斯在浴缸里玩一架玩具直升机和小玩具娃娃。珍妮特的娃娃对阿列克斯的直升机说："再见！明天见！"艾里克的一架飞机已经被另一架击落，艾里克把它丢在地上。

我将孩子们的游戏看作是对我离开的反应。家庭对抛弃的感受起着一个奇异吸引子的作用，组织起这几周他们的事，而这次访谈是这两周的分形。我说："拉尔斯，如果你能对此有所思考，你可能就会对我的离去感到想念。这就是孩子们在游戏里所表达的——艾里克生气的追逐，珍妮特和阿列克斯丢弃的直升飞机。"

"我不知道。"拉尔斯重复说道，怀疑地摇头。

突然一只木偶猪在游戏的桌子后面大声地哼哼，吸引了我们的注意。

"我饿了！"艾里克替小猪说。

珍妮特和阿列克斯也抱着玩偶。"我们要去野餐。我们要吃胡萝卜。"珍妮特说，这时珍妮特的粉色兔子和阿列克斯的小牛啃着我的铅笔。他们把一个毛茸茸的、紫色的怪物玩偶放到我的手里。然后孩子们的玩偶像是狼吞虎咽地、戏弄地，甚至是深情地咬我怪物的鼻子，并且"哄！哄！"地叫着。

我对维利亚和拉尔斯说："一些人对于我丢下他们受饿很生气。"

"是的。"维利亚忍着头痛微笑道，"不只是他们想要咬你的鼻子。"她做了一个掐的姿势，好像她也在叫着咬我的鼻子。

我感到她的愤怒，好像实际她掐着的就是我的鼻子，我半带自卫地说："也许如果你把它说出来，你就不会这样头痛了。"

"可能是吧。"她同意地说，露出笑容。

拉尔斯这时顽皮地对维利亚说："你也过去咬他的鼻子。"

在我意识到之前，我发现自己在说："不是这样！为什么你们就不能把这些说出来呢？"我窘迫地发现拉尔斯的嘲弄是针对我的。

珍妮特从我的面前跨过，鞋跟发出喀哒声，然后又跨了回来。

她说："喂！我已经外出旅行过了。"她的粉兔子又开始咬我的紫色怪物的鼻子。

"你在做什么？"我问道。

"我在咬某个人的鼻子。"她说，"他曾轻视我们，我们也要轻视他。"

我意识到对信任的背叛所产生的转向力正在组构这次访谈。现在我有些话对拉尔斯说："整个家庭都很想念我，并且对我的离开感到生气。你也是这样的，拉尔斯。但是，你无法将我的离开与你和维利亚间生活的烦恼联系起来。你在联系上的困难可以追溯到当你向父亲请求帮助的时候，他却伤害了你。现在你也无法信任我会支持你。"

拉尔斯说："我的第一印象是，你甚至都没去想过这件事！"

我注意到他说话中的语法，这是他思维困难的分形。我知道他在意识层面上指的是"一个人通常不去想这件事"。但是，我说道："拉尔斯，刚才你说的是'你甚至都没去想过这件事'，这指的是我没有去想我对你们造成了什么。"

"我是说我没有想过这件事。"他抗议道。

我说："你不是这样说的。你说的是'你甚至都没去想过这件事。'"

维利亚也加入进来，具有嘲弄意味的是，她在构建联系方面甚至比我做得还好："好了，好了。他抓住了你弗洛伊德式的口误！"拉尔斯开玩笑地拍拍她的膝盖，承认她的看法。

正当我一直在详细描述拉尔斯在意识到他在想念我上的困难时，一个游戏让我确认了家庭中愤怒的移情。艾里克用一辆玩具救护车撞倒了阿列克斯和珍妮特正在搭建的建筑物。拉尔斯说："艾里克，不要再让我们分心了。"

我说："艾里克，我知道你今天一直心烦。那些飞机在交战。现在救护车撞倒了那个建筑物。而救护车可以与医生联系起来。"

"我明白了。"维利亚说，"救护车-短斜线-医生撞倒了建筑物。"她边说边用手比划了下"救护车/医生"在语法上的短斜线。

考虑到"短斜线"可以看作是刀切的伤口，我说："我喜欢'救护车-短斜线-医生'这个词的某个部分。"

维利亚笑道："我想到'向医生砍去！（译者注：英语中表示短斜线的单词还有砍伤的意思）'。是的，我明白了。"

拉尔斯也笑了出来。面谈结束的时候，珍妮特惋惜地说："我还不想走呢！"

将客体关系理论应用到面谈中

我们可以先应用客体关系理论来理解这次面谈。治疗师提供抱持和容纳为反映和精神过程建立安全的场所。我们看到抱持中问题的提及是当珍妮特告诉母亲治疗师的躲藏地点。治疗师的离开威胁到了他们的安全，也抑制了他们持续的成长。之后，随着孩子们在游戏中表现出分离和愤怒的问题，父母也清楚地说出自己在性联系中的退步和未能维持客体之间及分离中精神过程之间的联系。治疗师短暂地阻断了愤怒和失望的投射性认同，暂时失去自己在情感上对此进行处理的能力，表面上接纳了他们的愤怒，但是并没有吸收愤怒。

然后孩子们玩饥饿小猪的游戏，显示出他们对愤怒的投射性认同，他们已经吸收、容纳了愤怒，而现在表达出来以消除其影响。在他们攻击治疗师的时候，暗藏的情绪将家庭组织成整体以建立表达愤怒的联系，而幽默和爱意让愤怒得以缓和。当他们这样做的时候，治疗师也能够将愤怒吸收进来，对此进行思考，并帮助他们重新建立起连接。当拉尔斯要求艾里克不再侵犯他的兄妹，而维利亚告诉家庭成员艾里克对游戏的干扰有着怎样的意义，这标志着家庭在容纳、抱持和反映能力上的进步。

混沌理论为这次面谈提供了广泛而全面的观点

这次面谈是一次家庭操作原则的迭代。家庭成员将治疗师当作是可依赖的客体，带有攻击性地试图与其建立联系，而治疗师因抛弃他们出去度假而受到攻击。随着他们方程的迭代，治疗师的意识开始有些混乱，不能精确地察觉孩子们的游戏，于是抓住依赖性的这种旧有模式来解释他们的攻击，也为自己指引方向。家庭利用旧模式忍受痛苦，治疗师也用旧的解释力图找到混沌的意义所在。而就在治疗师理解意义时，迭代不断地在发生。

治疗师找不到艾里克让飞机决战和珍妮特藏起飞机的意义。治疗师的思考成为攻击的牺牲品，而攻击表达在维利亚的头痛和拉尔斯的思考无能之中。家庭中愤怒的漩涡影响了他们所有人。这是一个婴儿吸引子，来自童年的旧有模式，恐惧使之产生动力，把一切都吸引了进去。

然后差异的发生表现了家庭的初值敏感依赖。随着方程的迭代，治疗中获得的灵活性形成新的转向力，它改变了先前的固化——有限循环吸引子——使之成为适应能力更强的奇异吸引子。他们进入到混沌中，新的奇异吸引子在治疗师提供的吸引盆中形成。这次访谈的下一次迭代中，孩子们的游戏用孩子的语言提供了另一个新的吸引子。玩偶幽默地攻击治疗师，之后解释了原因：饥饿及他令人痛苦的躲藏和剥夺所造成的影响。这一转向力将维利亚的愤怒重新转换成幽默，并进而允许她与治疗师一起来帮助拉尔斯将他碎裂的思想连接起来。

治疗依赖于分形尺度和蝴蝶效应。系统的一个部分在某个尺度上的小变化可以在更大的尺度上对更大的动态系统产生影响。让我们通过比较个体和家庭团体来寻找分形。家庭中的优势模式与个体的人格模式有着相似的分形，尽管每一个体表达了模式中的不同部分（通过群体投射性认同进行分割）。拉尔斯承载了意义的碎裂；阿列克斯承载了精神和身体侵犯的影响，表现在他的大小便失禁上；维利亚和艾里克承载了愤怒；而珍妮特承载了与两性有关的方面，尝试通过连接的过度兴奋恢复断裂的纽带。

随着访谈中迭代的发生，我们瞥见了第一个奇异吸引子，又一个，此时许多人都敢于说出自己的想法，并把游戏置于前景，之后湮没在背景混沌中。两个个体联合起来，组成二联体（另一尺度）形成新的模式；然后三个人联合起来，之后整个家庭都加入到孩子们的游戏中，将客体饥饿和愤怒指向治疗师，主题在不断地迭代，直到它们最后能以新的方式被理解。不同的尺度等级——个体，二联体，三联体，整个家庭，家庭和治疗师——显示了分形的相似性。个体内部的内在客体关系都是上一代内在客体关系的分形。它们在治疗的各个时刻从被攻击、被忽视此种感受的当前形式中显现出来。治疗的潜在疗效扩展到一代代的孩子和家庭，从此延展开，这是未来的分形。

我们怎样利用混沌理论来理解治疗的潜力？

治疗中小的效果可以产生微扰，打破处在混沌边缘的家庭的旧模式。他们生活在有害的吸引盆中，受到有限循环吸引子的支配。我们帮助他们从中迁移，这样他们才能放开。我们激励他们进入有益混沌的新状态，我们的奇异吸引子模式促使有益混沌的产生，然后在我们治疗的转向力和吸引盆的影响下重新组织进入更好的模式。由于家庭对初始条件的微小改变极其敏感，暴露在治疗师的思考方式这样一个新的奇异吸引子之下，他们的方程能以新的方式进行迭代。这样我们敢于希望一周一小时的治疗就可以产生全天候的显著变化。有时甚至一次治疗接触就可以启动适应性的模式。但是持续的治疗更有效：暴露在我们的转向力下的时间越长，改变的可能性越大。

初值敏感依赖，个体和家庭系统中的微扰，新奇异吸引子的影响，转向力和吸引盆，混沌边缘的重组织，以及多重分形尺度等级下的蝴蝶效应，所有这些将结合起来重新组织家庭和个体结构。家庭成员总是在一种强有力的相互联络的循环中彼此影响。治疗师成为另一个奇异吸引子，改变家庭的原始客体在循环和交流中的操作规则，原始客体施加影响的同时自己也受到影响。扇动治疗行为的翅膀，就有可能在各个尺度水平上改变影响的风力。

第十二章　治疗关系和移情地形

客体关系理论对临床实践有何帮助？

我们的导师，已故的约翰·萨瑟兰，喜欢这样说，客体关系与其说是理论，倒不如说是一种工作方法。客体关系理论将来访者与治疗师之间的关系看作工作方法的核心。治疗师和来访者一起共同努力探索来访者的内在世界及其对来访者关系的影响，与此同时来访者和治疗师自己也处在一个关系中。这一治疗关系像是无形的实验室，治疗师从中了解来访者在建立关系方面的困难。随着治疗师对当前关系的体验进行处理，治疗师能够把这些体验告知来访者。这样来访者和治疗师共享当前的关系，并且两者都能对此进行研究和学习。

来访者（或来访者的群体，如家庭、夫妻或治疗小组）与治疗师建立一个当前的关系，这反映了来访者内在的客体关系设置，这在来访者的所有关系中都有体现。在治疗中，我们的任务是从人际的角度对这些客体关系的当前表达进行体验。治疗师在自己的内心中以幻想或感觉的方式进行体验，它们对我们来说多少是陌生的，出自对来访者的特定反应。这种工作方式正以弗洛伊德使用的术语——移情和反移情为特征。

客体关系理论的技术有哪些？

没有什么独立的技术可以像交互分析干预或行为技术那样被系统地应用。客体关系治疗技术包含理性的态度、一个关系和一整套心态。它们设定了治疗的框架，并且坚定地保持这一框架以产生深入的、忠诚的治疗关系。这一关系提供了移情—反移情的缩影，其中来访者内在的客体关系困难随着治疗得以呈现、体验和修正。与其说有所谓正确或错误的工作方法，毋宁说有一整套条件使关系得到成长和深入。

什么是移情？

在客体关系的术语中，"移情"指来访者的投射性认同在临床环境中的表现。弗洛伊德描述了来访者如何把驱力指向作为原始对象新翻版的治疗师。最初，弗洛伊德认为移情妨碍了治疗，但是很快他就发现移情也是治疗的动力。移情提供给治疗师真切地感受来访者应对被禁止的思想和感受的例子。在客体关系理论中，我们并不像弗洛伊德提出的那样，将移情视为原始冲动的移位。我们将移情看作内在客体关系的表达，内在客体关系通过投射性认同在治疗关系中得到外在的体验。

什么是反移情？

治疗师尚未解决的困难对治疗师产生干扰，并激发出他的感受和态度，弗洛伊德称之为"反移情"。弗洛伊德并没有将反移情的概念发展得如移情那般充分。我们已经评述过，弗洛伊德起初认为移情是阻碍，随后才开始将其看成分析的首要工具。反移情也是这样。弗洛伊德最初将反移情描述为治疗的阻碍，而现代客体关系治疗师将反移情视作治疗性交流的媒介，以及理解和解释的基础。治疗师被激发的感受和态度形成了与来访者形成关系的人其内心感受和态度的模型。治疗师由于受过良好的训练并接受过自我分析，所以自己的个人方面不会产生干扰，这样治疗师才可以利用与来访者的内在体验理解来访者建立关系的方式。因此，我们希望客体关系治疗师能够监测自己内在的状态，包括治疗中的感受、思想、联想和幻想，以厘清与来访者的关系。我们不建议治疗师将这些体验原始地、未经处理地告知来访者，我们所希望的是治疗师认真地监测自己，以此作为找到来访者不能深入地建立联系这一问题所在的最佳线索，然后应用反移情来确证移情的解释。

你能对术语"移情地形"做些解释吗？

术语"移情地形"用来描述来访者与我们建立关系时的状态和治疗中的整体情形在我们内心中的地图。绘制地形有助于训练治疗师提取和追踪访谈中的移情元素。了解怎样使用地图就像给一辆汽车配备上全球定位系统。在治疗中，我们可能长时间地行进而不必对移情—反移情的状态有意识层面的觉知，因为我们对于我们在哪里有直觉性的感受。但是当我们感到不确定或者是迷了路的时候，标记了旅途中地理特征的地图就会非常有用。

我们应该寻找什么？

我们通过问自己何种移情在何时何地、如何出现来标记地图上的经线和纬线，随着这样的过程不断进行，我们以此寻找地貌上的元素。

这是何种移情——最初是背景性的还是焦点性的？"背景性移情"指治疗师对来访者在心理上的抱持，为来访者提供安全。"焦点性移情"则是来访者力比多或反力比多自体中某一具体部分的投射，将兴奋性的或拒绝性的客体投射给了治疗师。见图12.1。

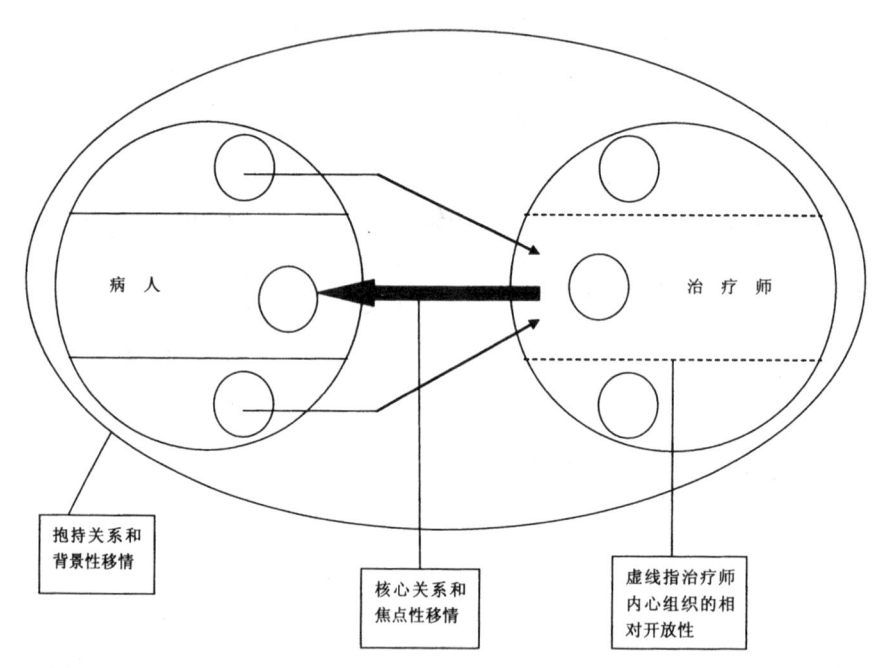

图中标注：
- 病人
- 治疗师
- 抱持关系和背景性移情
- 核心关系和焦点性移情
- 虚线指治疗师内心组织的相对开放性

图12.1 个体治疗中焦点性和背景性移情。在抱持关系（来访者对此产生背景性移情）的外壳内，来访者和治疗师共同探索来访者的内在客体关系以及它们对外在关系的影响，在这样做的时候，内在客体关系被投射给了治疗师（即焦点性移情），并在与治疗师不那么僵化分裂和压抑的内在客体关系的交流中得以修正（见第十六章）。关系本身也是改变的因素。摘自《客体关系个体治疗》，Jason Aronson出版，版权属David E.Scharff,1998。

移情的感受是如何被表达的——通过语言、治疗氛围，还是躯体？感受是如何被探测到的——在来访者的移情中，还是在治疗师的反移情中？

强烈的感受处于何地——来访者内心，治疗师内心，还是在来访者和治疗师之间的空间?

这一感受发生于何时——现在(当前)、之前(过去),还是如果或当其发生(未来)?

表 12.1 显示了来访者当前焦虑的所在及其对移情的意义。我们可以根据时间(过去、现在和未来)、空间(在治疗中或在治疗之外的生活中)和容纳(在治疗师内心、在来访者内心,或在来访者和治疗师之间的空间)三个方面来对移情进行定位。

表 12.1 移情的空间和时间方面

空间	此地	彼地	
	治疗中	家庭和社会中	
时间	过去	此地 - 之前	彼地 - 之前
	现在	此地 - 当前	彼地 - 当前
	未来	此地 - 如果或当其发生	彼地 - 如果或当其发生

摘自《客体关系个人治疗》。Jason Aronson 出版。版权属 David E. Scharff, 1998。

其中:

1. 此地 - 当前:来访者的感觉集中指向治疗师。
2. 此地 - 之前:来访者的记忆在治疗中被激活。
3. 此地 - 如果或当其发生:来访者对治疗关系未来的幻想。

那里:

1. 彼地 - 之前:童年记忆,早期婚姻史,社区或社会中的生活。
2. 彼地 - 当前:来访者在治疗之外的现时生活,包括家庭生活、社会生活、工作和社会交际。
3. 彼地 - 如果或当其发生:来访者对未来生活的幻想。

你能举例说明置入空间和时间的移情吗？

我们假设一个人与女性治疗师相处融洽，向她诉及对妻子的不满，因为妻子控制欲太强（彼地 - 当前）。治疗师想知道，是否这个人对他专横的母亲的移情（彼地 - 之前）曲解了他对妻子的感受，或者激发了控制性的行为来适应内在客体关系的要求。我们再假设这个人感到治疗师正告诉他该想些什么。现在治疗师感觉到被他当作控制性的客体发生移情（此地 - 当前），并且意识到在他对妻子的讨论里，他实际上是在说他和治疗师之间的移情，尽管他并不承认。这个人可能会感激治疗师将他的经历与母亲联系起来（此地 - 当前的正性背景移情），这与他过去对烦人的母亲和现在对妻子的感受（彼地 - 之前和此地 - 之前的负性的直接客体移情）正相反。如果这个人继续打算和妻子离婚，治疗师会思考他只是在指此地 - 当前，还是在偷偷地将注意力转移到想要结束治疗的负性感受上（此地 - 当前的负性背景移情），又或他在想象未来的治疗关系会支持他应当决定离开他的妻子（如果或当其发生维度中的正性移情）。

你能举例说明移情是位于来访者内心还是治疗师内心吗？

如果一个抑郁的来访者说她受够了像父亲一样的抑郁，她的自体已经认同了她的内在客体。客体对她自体的移情和自体对客体的移情在她的内心中都得到了表达。如果这个女性在诉说抑郁的事时看上去却很乐观，但治疗的氛围是抑郁的，那么移情包含在治疗师和来访者之间的空间和此地 - 当前中。如果治疗师感到她的心中很纠结，彼地 - 之前的内容则同时呈现在此地 - 当前，包含在治疗师而不是这个女性的身体中。

你能形象地描述移情地形吗？

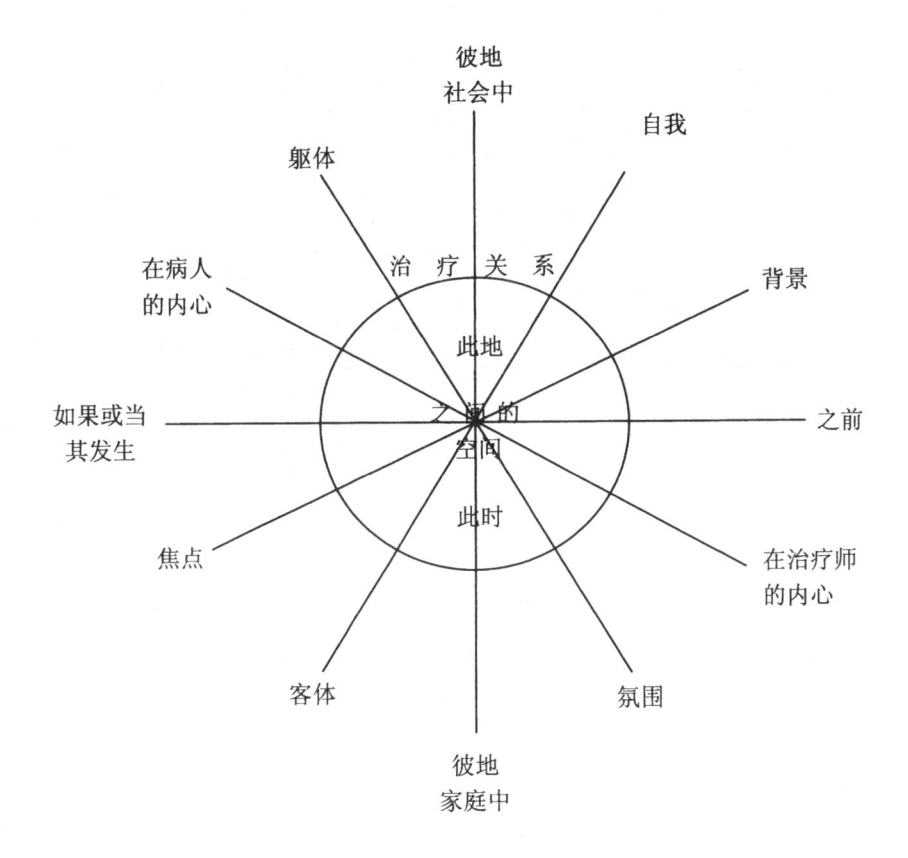

图 12.2 移情和反移情的多维指南针。摘自《客体关系个体治疗》，版权属 Jill Savege Scharff, 1998。

一些人不喜欢查阅地图，而觉得指南针更有用。当我们对某个地方感到不熟悉，这是拿出指南针指向的好时机。图 12.2 使用指南针的样式总结了我们想要观察的元素。

笔记

临床上的例证见第十六章。

移情（Freud 1950a）

反移情（Freud 1910a）

反移情和投射性认同（J. Scharff 1992）

移情地形（J. Scharff 和 D. Scharff 1998）

治疗关系（Jacobs 1991）

第十三章
与其他理论系统和临床方法的关系

英国客体关系理论与其他理论之间是怎样的关系？

英国客体关系理论是精神分析人格理论之一。

客体关系理论与弗洛伊德的经典精神分析理论有哪些异同？

相同的是两者都依赖于弗洛伊德理论提出的动力潜意识，不同的是客体关系理论脱离了经典理论的本能基础。弗洛伊德认为人类是由潜意识中本能的性和攻击驱力所激发，目的是通过一个可以获得的客体（即母亲）寻求释放和满足，这样人格可以回到保持动态平衡的舒适状态。他认为我们寻求客体主要是为了满足冲动。相反，英国客体关系理论认为，婴儿被与单独的或作为配偶的母亲及其伴侣以及其他重要的家庭成员发生关系的需要所激发。客体关系理论家将驱力看作是从关系的背景中获得意义和能量。他们也注意到了性和攻击冲动在关系背景之外释放的现象，但是他们并不将其视为本能，也不认为是建立关系的材料，而是关系破裂的产物。

尽管理论基础上有所差异，但实践中弗洛伊德理论和英国客体关系理论有很多技术是相同的，包括通过潜意识来工作，关注情感，重视领悟，处理移情，处理梦和幻想材料，以及通过解释来进行最有效的交流。然而，英国客体关系理论更强调对反移情的分析，把反移情当作理解来访者人格问题的工具。

客体关系理论和科胡特的自体心理学理论相似吗？

自体心理学是关于自体的理论，由海因兹·科胡特(Heinz Kohut)提出。客体关系理论和自体心理学理论都对自体的发展和自体是如何受到客体质量的影响感兴趣。两个理论也都认识到我们理解客体的能力比理解自体的能力要复杂。既然自体是个人的，而只能在自己的内心中体验，观察自体的行为比在人际间领域观察内在客体关系的行为要困难得多。两者都重视内省和共情，但是自体心理学强调基于治疗师对来访者自体的协调和认同的共情理解，而客体关系理论将反移情运用于来访者自体的部分和其中所包含的各种客体。客体关系理论运用投射性认同的概念形成移情中内在客体关系的治疗性重建的概念。

在客体关系理论中，内在客体与自体的部分相联系，情感使之结合在一起，形成动态关联中的内在客体关系。在自体心理学中，自体包括自体客体。自体客体这一心理结构中，内在客体被用来支持自体的内聚，并调节自体感受康乐和自尊。科胡特的理论有效地扩展了我们理解内在客体和外在客体在自体问题所造成的临床现象中的作用，即边缘状态和自恋型人格障碍中自体的分裂。它告知治疗师如何成为这样一个来访者的必要客体。相似地，客体关系理论家冈特瑞普，也对理解自体的分裂有所贡献，自体的分裂发生在当力比多自体被深深地压抑到退缩的状态，导致自体的丧失感时。与科胡特一样，他也建议治疗关系的提供要与自体功能的这一层次高度协调。这两个理论都同意自体的安全是心理健康的核心，但是客体关系理论将自体客体，即一个客体只是单向地起到支持自体的作用，不是作为一个健康的结构，而是作为关系中自体和客体相关性的一种分裂，但在关系中自体和客体是本应互为利用的。自体心理学没有探索自体和客体之间的相互性，因而我们发现它在夫妻和家庭中没有客体关系理论应用广泛，尽管马里恩·所罗门(Marion Solomon)和梅尔·朗斯基(Mel Lansky)也曾应用此理论来治疗边缘和自恋的婚姻。

一个人需要自己的客体作为自体客体以形成内聚的、可靠的、成熟的自体，科胡特对这一需要的方式和自体的发展进行了探索，这对于理解自体的发展和治疗师在集中于自体问题的临床工作中的角色有着重要的贡献。他的观点补充了冈特瑞普关于以自体丧失为中心的严重精神分裂样问题的工作。总而言之，科胡特和他的同事的工作专一地聚焦在一个人的自体对自体客体的使用上。

在客体关系理论中，我们对相互性很感兴趣，即只要有自体与客体相联系，就一定也会有相应的客体与自体相联系。当一个人与另一个人发生关系时，过程是共有的，由此产生的交流和人际间的过程会影响两人共同参与的发展。自体和客体之间的相互性同时发生在人际间和心理内部的领域中。当自体心理学家认为所有的问题都与自体使用自体客体的内聚性和适应性有关时，他们只考虑了这个互有的、共鸣的过程中的一半。所以自体心理学被认识到在理解自恋的问题上的重要性，而客体关系理论在假定联系上遭致非议。

过于强调投射性认同难道忽视了自恋的问题吗？

我们可能会因为非常重视自体是如何应对它的客体的，而忽视了自体将自己作为最初的客体进行联系的问题。自恋中坚决主张需要存在为自己服务并欣赏自己的另一个人。同时，令人失望的是可以确信这另一个人可能不愿意或者没有能力这样做。所以一个人不得不在自体的内部来找到这一个人。那么自体的内在世界胜过了对其他人的兴趣。内心维度在人际间领域中的交流不是自由的。

我们将自恋看作是被阻塞的投射性认同状态。自恋的人不能使用投射性认同连续统一体的健康端来发展对他人的共情，而且基于与他人和经验的联系的理解自体的自省能力几乎没有。在自恋性的自体联系中，自体不能吸收一个合适的客体并与它产生内射性认同。

过于强调投射性认同也会忽视内射性认同的过程，这是一个同等重要的心理机制，但在很大程度上被忽视了。内射性认同是指吸收与他人的体验，并将之运用于建立心理结构。内射性认同的过程也是一个连续统一体，从健康的选择性认同到病态过度的、未整合的内射。因为内射性认同发生在自体内部，所以观察起来要比投射性认同困难，投射性认同可以通过它对自体外客体的影响而被发现。在自恋中，自体是固定的，不在相互影响的投射和内射性认同过程中正常地循环，而在此过程中塑造人格，与外部世界交流，调整以适应他人，并在自体内发展出经过修正的现实。

英国客体关系理论和美国肯伯格、玛勒、雅各布森和马斯特逊的客体关系理论有何不同？

奥托·肯伯格 (Otto Kernberg) 令人钦佩地领会了弗洛伊德的精神分析理论，包括美国的自我心理学，此外他还熟悉克莱茵、费尔贝恩尤其是比昂的工作。他将雅各布森 (Jacobson) 的工作作为跳板推动美国的自我心理学和英国的客体关系理论的融合。唐纳德·林思雷 (Donald Rinsley) 将他的客体关系方法建立在费尔贝恩的基础之上。玛格丽特·玛勒 (Margret Mahler) 对婴儿和母亲之间分离和个体化阶段的发展研究，为理解童年早期客体关系的发展作出了贡献。这些理论上的贡献合在一起成为美国客体关系理论的主流，引人注目的是詹姆斯·马斯特逊（James Masterson）将其应用在性格障碍，尤其是边缘性人格综合症的治疗中。

英国客体关系理论家没有兴趣调整自己的理论以适应驱力和自我发展的理论。他们相信人类发展心理学中的大多数问题涉及自体与其内在和外在客体之间的关系。吸引美国人兴趣的自我功能和适应的问题并没有简单地成为焦点。而英国客体关系理论的特征——对移情和反移情的使用的强烈兴趣，直到最近才在美国的临床方法中被仿效。

英国客体关系理论将投射性认同看作一个有着正常和病理两个方面的过程，其发生也是一个从健康到妄想的连续统一体，而在肯伯格的客体关系理论中，投射性认同几乎总是一个精神病性的或边缘的现象。追究技术上的本质，肯伯格的理论认为分裂是比压抑更原始的防御机制，而压抑被认为是典型的更高层次的神经症状态；在英国客体关系理论中，分裂和压抑都被认作心理结构形成中的自发机制，两者缺一不可。

英国客体关系理论并不那么强调诊断类型，分裂和压抑对于我们每个人都是一样的，不根据诊断类型来划分。

里瓦尔德是客体关系理论家吗？

汉斯·里瓦尔德（Hans Loewald）不是客体关系理论家，他是一个弗洛伊德理论的修正主义者，但他和美国客体关系理论家有一些相同之处。例如，他不相信本能的首要地位，而且认为性和攻击是可变的。他认为驱力在与母亲的交流中发展，并重新定义了弗洛伊德关于力比多的概念，他认为力比多是对失去的客体的依附和再联合。他对于自体中意识和潜意识的一致性的兴趣是客体关系状态的回忆。

格罗斯汀、奥格登和米切尔的地位

这些美国分析师受到了英国客体关系理论的影响。詹姆斯·格罗斯汀 (James Grotstein) 致力于感受和思考与理解的双轨理论,来自于他对费尔贝恩、克莱茵和比昂的整合。和我们一样,他对混沌理论与精神分析的相关性感兴趣。汤姆斯·奥格登将克莱茵关于投射性认同的概念、弗朗西斯·塔斯丁关于自闭症的见解和雅克斯·拉康 (Jacques Lacan) 关于语言的观点都翻译成了英文,供美国读者阅读。在抑郁位态和偏执—分裂样位态之间的持续变动中,奥格登加入了自闭—紧邻位态(见第七章图 7.1)。他对于舍弃驱力的概念持谨慎态度,因为他深信客体的寻求和意义的整合有着本能的基础。他对临床最有用的贡献是提出"分析的第三者 (analytic third)"这一术语,用来描述由来访者和治疗师创造出来的一个新实体。

受哈里·史莱克·沙利文 (Harry Slack Sulliven) 的人际关系理论和费尔贝恩的客体关系理论的影响,史蒂芬·米切尔 (Stephen Mitchell) 的理论是人格的关系冲突模型,它位于人类环境的核心,与之交流并受其影响——性格、体质和养育,早年经历和当前关系,它们同等重要。

群体理论如何影响客体关系理论?

群体理论对于客体关系方法非常关键。它放大了心理内部客体关系的人际表达,并且让我们能够将客体关系理论应用到联合治疗(家庭、夫妻和小组治疗)中。最早的群体研究来自福克斯 (S.H.Foulkes) 和比昂,我们从中获得启示。

比昂认为群体的任务组织处于意识水平,群体配合领导者的指示完成任务。群体的运作也有潜意识水平,不是由任务或领导来组织,而是由亚群体来组织，亚群体的形成是依据由群体而不是领导者如何满足其共同需要的假设。比昂注意到群体中的一些个体相互吸引形成这些亚群体。他用术语"效价"来指个体与亚群体中的其他人即刻联合的倾向。比昂描述了亚小组形成的三个主要类型，基本的假设是有时亚小组帮助任务的完成，但更常见的是妨碍其完成。见表13.1。

表 13.1　比昂对群体生活的基本假设

依赖
战斗或逃跑
配对产生新的领导

在"依赖"的基本假设中，群体被表达需要的亚群体支配，需要的表达受领导者的关注和导向。在"战斗或逃跑"的基本假设中，亚群体对领导者不能令一切完美感到愤怒，并想要挑战他的权威，从领导设置的任务中逃跑，或是选择新的领导或任务。在"配对"的基本假设中，个体因为无法和领导建立合意的配对关系而感到沮丧，于是群体产生两个个体来配对作为替代。他们幻想这两个人的配对会是有创造力的，产生的新领导将拯救这个群体。

我们治疗家庭小组的经验确认了比昂的基本假设的有效性，并且我们由此还增加了一个新的基本假设。见表13.2。

表 13.2　比昂基本假设的扩展

依赖
战斗或逃跑
配对产生新的领导
分裂或融合

我们发现"分裂或融合"这一假设在受到威胁的家庭中起作用，

这些家庭退行到原始的合并状态（融合）和成员全体的分裂状态（分裂）中。在融合状态下，合并代替了理解和冲突解决，而在分裂状态下，冲突攻击联系，击溃理解。正如小组治疗中的小组成员，一个无法处理发展性目标的家庭可以在家庭治疗中学会发现基本假设的干扰，关注它潜意识的需要和恐惧，这使得家庭可以回到当前的发展性工作中。

比昂并没有对他的与群体有关的工作和关于深层次潜意识交流的个体理论建构进行显见的整合。他将容纳的个体概念与群体理论中的效价和基本假设运作合在一起，我们可以看出个体与他人进行的潜意识交流是基于他们共有的客体关系。个体的心理结构从与重要的基本群体——家庭、同龄人和工作群体——的经验中发展出来。个体在一生中不断地寻找群体共同生活、工作和成长。

福克斯指出小组中的每一个成员的作用就像是网格上的结。他称个体组成群体，同时群体也反映出个体的方面。将福克斯和比昂关于群体行为的观点进行整合和应用，我们可以描述个体的内在客体关系的表达。群体，和个体一样，在动态关系中具有意识和潜意识部分的系统。个体也是一个包含有内在群体的系统。

社会学对客体关系理论有影响吗？

厄尔·霍普尔（Earl Hopper）的社会学和精神分析的背景使他关注到社会潜意识对感觉、发展和精神分析治疗中的移情的影响，他扩展了比昂关于群体潜意识生活的理论。霍普尔注意到不连贯的退行的群体会在整合（个体黏结在一起就像一块软黏土）和聚集（个体完全分离开，就像袋里的弹球）之间摇摆不定。他称之为"第四个基本假设"。

你能举例说明群体生活中的第四个基本假设吗？

让我们来举一个家庭作为群体生活的例子。父母为他们 16 岁的女儿寻求帮助，她很漂亮，能言善辩，像她父亲一样具有计算机方面的天赋，但却高中毕不了业，也没有朋友。他们另一个 13 岁的女儿，在一所全日制的特殊教育学校里学习，有中度严重的自闭，她总在不停地踱步，手上做着奇怪的动作，经常大叫，不怎么说话。母亲全职工作，父亲在家工作，表面上这是为了父亲能更有效地激活创造性才能的迸发，并与他的家庭感觉更亲近。除了他们在经济上依赖的外公，父母与家族中的其他长辈很疏远，但在小家庭中他们却彼此异常亲近。

当他们 13 岁的孩子来做咨询，整个家庭都会陪着她。在咨询过程中，家庭中的所有成员如此专注于减少她的行为带来的干扰和混淆以至于我们很难把谈话进行下去。由于黏附在一起，整个家庭显示出了整合，以及对混淆和家庭受到不连贯的持续威胁的适应。由于在学校被孤立，16 岁的孩子表现出聚集的家庭倾向，而家庭用整合对此进行防御。

客体关系理论怎样才能与针对夫妻和家庭的系统方法相整合？

我要再一次强调的是，群体理论是关键。个体不只是在与母亲的关系中成长，这在很多理论中都被强调了，个体的成长也存在于家庭群体中。个体吸收与家庭群体的体验，在动态系统中建立一个内在的客体关系群体。因此，个体的人格可以被看作由内在系统组成，内在系统再与重要他人的内在系统产生交流。通过这种方式，客体关系理论在个体、夫妻和家庭中提供了治疗模式相互过渡的纽带。

系统家庭治疗师如何整合非指导性的客体关系方法？

客体关系方法要求你适可而止。如果你坚持极端的干涉主义者模式，这将带来大问题。如果家庭治疗师想要了解更多有关来访者家庭的信息以进行下去，或许他们将发现退而等待从此地 - 当前的体验中显现的方向是有用的。

处于前沿的家庭治疗师描述了家庭治疗领域中的一个变化，大家逐渐放弃确知家庭想要从治疗过程中获得什么的看法，转而将家庭看作不仅是其问题的信息来源，同时也是治疗的合作力量。客体关系方法基于在治疗关系的基质中成长的合作，这将在系统家庭治疗中大有用武之地。我们鼓励系统家庭治疗师发展出坐下来(不采取行动)的能力，从正在进行的体验中获取信息，而不是预知一切并将其强加在家庭系统上。

对此时此地的强调与经验性治疗中不是一样的吗？

和经验性治疗一样，客体关系理论和治疗也重视此时此地。不同的是，在客体关系治疗中，此时此地是与它在过去的根源相联系的。过去的体验在此时此地被重新创造出来。在客体关系治疗中，也必须建立这种联系。过去体验的潜意识影响可以意识化，这样一个人就可以控制当前的行为和联系的方式。

你同意客体关系治疗是女权扩张主义的方法吗？

客体关系理论没有诉及女权主义立场的中心主题，譬如贫困、无权、躯体虐待、性别刻板印象、生育选择、收入的性别歧视，等等。客体关系理论并没有将自己看作一个政治过程，客体关系治疗师也没有将分析对个人自由的阻碍提上议事日程。尽管如此，女性主义作家和治疗师黛博拉·拉普尼兹(Deborah Lupnitz)认为客体关系的家庭治疗是与女性主义价值观最接近的精神分析方法，因为我们的方法不是独裁主义的，我们关心女性的经历。客体关系理论和治疗完全重视男性、女性和儿童，并且保证公平的、相互促进的方法，受到女权主义家庭治疗师的欢迎。我们的方法不足以成为女权主义者。另外，这也不是男性主义至上。我们重视性别平等的人道主义观点，同等致力于男性和女性的发展。

女权主义心理学家，如南希·乔多罗 (Nancy Chodorow)、卡罗尔·吉列根 (Carol Gilligan) 和珍·贝克·米勒 (Jean Baker Miller) 批评了弗洛伊德和埃里克森以男性为中心的发展观，如从融合到自主性的发展。她们说那些男性治疗师常常不能对女性的发展作出解释，与男性重视个体力量不同，女性从她们对他人需要的迅速反应和保持关系的能力中获得自尊。女权主义心理学家从这些观察中得出结论：女性的自体是在与母亲和重要他人的持续动态交流中发展出来的。这一发现与客体关系理论的原则是一致的。

非指导性方法如客体关系治疗如何能够与行为治疗和性治疗取得一致？

我们已经详细地谈到过客体关系治疗方法与基于行为模式的性治疗方法的整合。客体关系治疗还可以与性治疗之外的其他行为模式进行整合。但是我们没有人有这方面的经验。在性治疗中，我们设置了行为框架，并遵守这个框架。如果行为策略陷入僵局，来访者或夫妻则会被要求结合一般的心理动力学方法来工作。客体关系历史的心理动力学理解及其在婚姻中的相关表达被应用到解决行为进展的问题。在实践中，性治疗不仅包括由威廉·马斯特 (William Masters) 和弗·吉尼亚·约翰逊 (Virginia Johnson) 提出的行为模式类型，也包括很多性教育的内容。这与非指导性方法甚至也是一致的。当教育不能满足夫妻保持进展的需要时，在学习成为可能前我们必须对潜意识因素进行分析。

即使模式要求意识水平的指导性或教育的方法，我们在潜意识水平也要保持非指导性。这就是说，我们密切注意夫妻或家庭对我们的指导性干预的反应。我们继续关注联系的流动，以将我们导向隐含的潜意识主题。在工作过程中，我们使用反移情体验作为通过困难表达的移情的线索，我们再向夫妻解释移情的干扰。通过这种方法，我们在行为或心理教育的模式内使用分析技术。

笔记

> 这一章回顾了客体关系和从精神分析学到行为学的其他理论之间的异同：
>
> 自体心理学（Kohut 1971，1977）
>
> 退缩的自体（Guntrip 1969）
>
> 自恋的婚姻（Lansky 1981，Solomon 1989）
>
> 客体关系理论（Kernberg 1976，1980）
>
> 分裂和压抑（Kernberg 1987）
>
> 自体和客体表象（Jacobson 1965）
>
> 分离、个体化和客体关系（Mahler 1968）
>
> 费尔贝恩的理论和美国客体关系理论（Masterson 1981）
>
> 个体和群体（Foulkes 1948）
>
> 潜意识假设群体和效价（Bion 1959）
>
> 女权主义家庭治疗对客体关系家庭治疗的反应（Luepnitz 1988）
>
> 女权主义心理学观点（Chodorow 1978，Gilligan 1982，Miller 1991）
>
> 性的行为学治疗（Masters 和 Johnson 1970，Kaplan 1974）
>
> 不内聚性和第四个基本假设（Hopper 2003）

第二部分

实践中的客体关系理念

第十四章 评估的原则

评估是一个复杂的、评价的过程，在订立治疗协议之前进行。在评估过程中，来访者和治疗师回顾来访者的问题，形成一个暂时的客体关系形式，并决定是否需要治疗。如果适宜治疗，治疗师要考虑建议何种治疗形式，即哪种模式或一系列模式的联合，以及希望得到治疗的家庭成员。有时对个人、夫妻或家庭的评估可能只需要一次访谈，但更常见的是两到四次。评估过程使治疗师得以了解来访者和（或）家庭，同时来访者和（或）家庭也可以了解治疗师。我们还要考虑来访者或来访者小组与治疗师之间是否相适合。有时候个人或家庭更愿意被转诊给另一位治疗师，他们之间可能会更加适合。治疗师在这一点上不要给来访者任何承诺，而是要让自己保持客观，进行观察和推荐。评估也是治疗的一个小试验，为来访者提供一个治疗过程的样本以决定未来治疗的需要。

评估过程有哪些特征？

评估过程包括八个主要领域。见表14.1。

表 14.1　评估的八个主要任务

1. 提供治疗空间
2. 评估发育的阶段和水平
3. 防御功能的阐述：投射性认同
4. 探索潜意识模式、内在客体关系和潜在焦虑
5. 对梦和幻想进行工作
6. 使用移情和反移情
7. 检测对解释和评估模式的反应
8. 形成总体印象，做出建议和治疗计划

1. 提供治疗空间

首先我们设定治疗的框架。我们在预约的日期和时间、咨询时间的长短上达成一致。整个评估过程中，我们承诺在预定的时间总是可以取得联系的，可以公开地讨论与框架及与我们建立关系中的各种问题有关的任何异议。在这一框架下，我们可以提供一个舒适的空间，称之为"治疗的抱持环境"。

我们主要的努力不是为了发现来访者的大量信息，而是简单地创造一个来访者容易进入的环境，以使来访者能与治疗师分享个人信息。我们倾听而不作判断，也不进行系统的质询。我们跟随来访者思想的有序连续，注意与感受相联系的思想和记忆。我们关注情感直至它在客体关系历史中的根源。我们有兴趣倾听所有与来访者有关的信息，以平常心对待一切出现的事物，乐意体验痛苦并理解它的意义，我们因而提供了焦虑的容纳。来访者和治疗师一同参与评估来访者的心理动力、动机和治疗能力。

2. 评估发育的阶段和水平

从来访者与我们建立联系的方式，从生活过渡到治疗室时出现的焦虑状态中，我们可以看到主要的发育阶段在被压抑的客体关系形式中的痕迹对其人格的影响。例如，如果一个来访者在口欲期有尚未解决的问题，那么这个来访者可能会缠着治疗师，或者用语言对治疗师威逼利诱。如果来访者有肛欲期尚未解决的问题，那么他会尽力控制治疗师说什么或不说什么。我们可能注意到有生殖器期——俄狄浦斯发育期问题的来访者的炫耀和躯体展示。

弗洛伊德已经对发育的口欲期、肛欲期、生殖器期和俄狄浦斯阶段等性心理发育阶段进行了描述。他说，随着驱力改变各期的特征，表达驱力的性欲发生区依次转换，它们会按照预定的顺序出现。

费尔贝恩倾向于将性心理阶段和建立关系的技术联系起来。例如：处于口欲期的女性是以一种强烈依赖的方式来建立关系；而处于肛欲期的来访者则对控制和得到事物更感兴趣；有俄狄浦斯冲突的男性来访者将信任治疗师，也能够处理治疗中的分离，但却害怕如果竞争成功了，治疗师会报复他。

对发育阶段的客体关系评估集中于来访者建立关系的能力。根据第四章中表 4.1，我们评估转换技术的使用以在操纵关系中趋利避害。我们找寻自体是将好和坏的客体设置在自体的内部还是外部，自体是在寻求还是规避它们。我们找寻偏执—分裂样位态和抑郁位态功能的证据，我们在第七章对此进行了描述。在治疗师得到信任之前，对偏执—分裂样方法的警觉在评估的开放环节是合适的。对抑郁位态的关注出现于表达来访者生活中重要形象时的态度中，通过提供全面的说明，显示出治疗师需要倾听这个故事并且理解它。我们根据来访者的关系史、讲述故事的方式以及来访者对于我们的期待确定来访者的依恋类型。自主/安全型依恋的人期望我们是可靠和一致的。这个人讲的故事是连贯的。依恋类型为不安全型的人可能会隐藏细节，掩盖事实，讲述中会不断支吾、犹豫和出现口误，并且想知道我们是否支持他们。我们要注意这种不安全感是否会使他拒绝我们（回避/轻视）、黏附我们（阻抗/先占）或同时存在这两者（焦虑/矛盾），又或处于严重的不安全状态中，引起我们的混淆或失联接（无序/未解决）的状态。

3. 防御功能的阐述：投射性认同

我们工作时，即使是在一次访谈中，我们也会发现某些重复的模式，来访者、夫妻或家庭对治疗师或家庭成员的行为会以一种特有的方式来防御治疗情景中出现的焦虑。当我们第一次注意到这一模式时就指出它，以后每次出现都要指出。我们试着将行为和客体关系史联系起来。我们寻找来访者对治疗师进行投射性认同的治疗师的自体或客体部分的方式，然后我们向来访者显示这些正在发生的投射性认同，这是他们尝试与他人交流，以及在关系中防御焦虑的方法。我们发现，来访者和治疗师之间、家庭成员之间、家庭和治疗师之间的人际行为反映了内在客体关系的设置。

4. 探索潜意识模式、内在客体关系和潜在焦虑

为了寻找压抑的客体关系的证据，我们倾听临床材料，跟随情感，观察和体验与我们发生关系的来访者或来访者小组。在个体治疗中，我们回顾来访者当前和过去的关系。如果来访者没有主动说这些内容，我们会指出他们的怯场并进行询问。我们指出来访者所述与重要他人之间发生的重复模式，这些在与我们的关系中也可以被直接观察到，我们显示出这些重复模式的目的是为了防御。然后我们推测出防御的是什么焦虑。在夫妻和家庭治疗中，我们要注意到家庭成员之间的交流和家庭作为一个整体应对

我们的方式。这些交流倾向于以一种模式出现,这种模式可以防御共有的焦虑基础,其形式为关于家庭生活需求的共有的潜意识假设。

5. 对梦和幻想进行工作

我们并不期望在评估中来访者能主动与我们分享梦和幻想,但我们当然也要让来访者知道这是我们检查的一部分。梦和幻想的材料可能让我们接触到比评估过程中完全口头的资料更深入的主题。尽管如此,某些对梦的工作让我们也开始评估潜意识的幻想和内在客体群,这些是无法直接观察到的,但可以决定意识中的行为,这使来访者得以了解心理动力学技术能够做什么。梦和幻想的应用并不是孤立的,而是和其他所有的材料整合在一起,达到与潜意识结构最接近的水平。评估工作使来访者有机会来评估治疗的效用。

6. 使用移情和反移情

我们要始终警惕来访者或家庭对我们的影响。我们监测自己的感受,通过自己内心中的体验理解来访者影响我们及重要他人的意义。在评估过程中,我们甚至可能尝试以反移情为基础来解释移情(见第十六章)。

7. 检测对解释和评估模式的反应

当我们做了一些支持性的评述、关联的评论或解释之后,观察来访者对我们所说的内容如何反应。我们可能必须做进一步的解释来帮助来访者超越自己对解释的阻抗。其他一些来访者可能反应良好,应用解释的工作来达到一个更深的层次。无论是哪种情况,我们都对来访者在解释模式中的反应感兴趣,这样我们可以决定客体关系治疗是否合适并且有效。

我们也对一个人对评估过程框架的反应感兴趣。某些来访者可能说他想要取消一次治疗、来得或早或迟、重定时间、忘记付费、反对计费策略，或者试图改变我们为评估过程业已建立起来的状态。我们通过解释这些行为来维系框架。我们理解，他们的目的是消除评估干预的重要性以削弱它的力量。来访者通过这种方式对框架进行反应，以保护自己免于焦虑，如果评估过程得以按照原先计划的精确而有效的方式进行下去，其中显露出来的事物将使他们感到焦虑。

8. 形成总体印象，做出建议和治疗计划

从我们对来访者及其提供的信息的体验中，我们可以形成客体关系的大概印象。我们决定这个人的客体关系设定是否需要治疗。如果需要，我们便推荐适当水平的治疗和适用的模式。我们可能建议个体心理治疗、个体精神分析、夫妻治疗、家庭治疗、团体治疗、团体分析，或其中几种有效的联合。我们和来访者进行协商，当计划达成一致，我们便着手准备制订治疗的协议。

你能阐述一下怎样通过对防御、焦虑、反移情和解释的工作来说明评估过程中一对夫妻的客体关系设定吗？

这个例子来自于我们一起做的一次咨询。这是对米歇尔和列尼的夫妻治疗中的两次访谈的评估，由列尼的私人治疗师推荐而来。米歇尔和列尼在一起已经4年了，但是米歇尔，一位好交际的社会活动家，却一直无法和安静而保守的列尼结婚，因为列尼似乎太不活跃了。列尼来自一个她所不及的上流社会的家庭，各方面都不错，充满魅力，事业成功，忠诚待她，他有很多吸引人的品质。他对米歇尔很好，不论她怎样对他，不论她让自己变得多胖，他都很爱慕她，但是她讨厌他的木讷，而且对他的被动性非常藐视。他无论怎样也达不到她的期望。她想要一个像她哥哥那样精力充沛的、自信的、令人钦佩的男人，而列尼至多给予她保护和爱慕。他爱之多深，她便厌之多深。他坚若磐石，总在原处，从不改变；她总是气宇轩昂，走路很快，想法很多，充满活力。那么为什么她还要和列尼在一起呢？

"因为我似乎不能抛弃下他。他是一个很好的男朋友，是我认识的最上等的人。"米歇尔承认，"但是他不是那种吸引我的男人。嫁给他我的婚姻会变得枯燥乏味，他总要我来催促。"

列尼并没有因为她的藐视而低落。"我给她安全。"他骄傲地说，"我是岩石，她是河流从上面淌过。我将一直为她而在。我爱她的一切。"他坚定地认为，"我爱她说话的样子，她感觉的方式。我不在乎以她为中心，我会好好保护她，她是我的全部。"

1. 提供治疗空间

他们这样继续着，那些令人脸红的戏谑像是成了欢闹的固定节目，但治疗师却感到不舒服地被逗乐、吸引并感到错愕。即使我们有些坐立不安，我们仍然要忍耐这些感受来创造一个接纳的环境，这样这对夫妻才能以他们通常的方式表现，而我们也可以被他们的交流所感染。

2. 评估发育的阶段和水平

米歇尔和列尼与坚持和放弃的问题有关。他们这对观点矛盾的未婚夫妻处于形成或分解的发育阶段，他们关系的发育模式处在肛欲期。米歇尔的暴食并不能让她摆脱这种不满意的关系而寻求新的机会，她继续暴食以免受到她应该放弃列尼这种被剥夺的感觉的侵扰。列尼则心若坚石。

3. 防御功能的阐述：投射性认同

我们显示了列尼如何像他的母亲喜爱他一样爱慕米歇尔。在她身上，他找到了自我中被投射的、丢失的部分，同时他也认同了自己的客体。另一方面，米歇尔感到列尼的被动是要把她推向他母亲的位置，而她坚决不愿意这样。这可能为她重建了一个她的母亲和兄弟之间令她到羡慕的关系，而她的兄弟拥有一切。他们的投射性认同系统在他们被压抑的内在客体关系的潜意识交流的过程中形成，他们被压抑的内在客体关系寻求表达、肯定和修正，但这又是不得不回避的。

4. 探索潜意识模式、内在客体关系和潜在焦虑

在这个案例中，通过研究辅助治疗师之间在协同治疗中体验的反移情的影响，我们阐述了他们如何建立联系的防御模式和焦虑的基础。

5. 使用移情和反移情

我（吉尔）做了不懈的努力，积极认真地与这对夫妻共事，而我的辅助治疗师（大卫）则总是感到困倦，而他通常精力旺盛。这两种反应都反映出我们期望回避和他们在一起的痛苦：我的反应更接近他们关系中的防御结构，大卫则更接近潜在焦虑。他对自己反移情反应的检视引导我们讨论夫妻关系中的潜在哀伤。米歇尔和我被投射和认同了躁狂的防御，而列尼和大卫则被投射和认同了被动和抑郁。这对夫妻的防御分裂成了躁狂和抑郁两个成分，分别投射到两个人身上。现在这也被投射到协同治疗的关系中，根据治疗师的性别，而不是治疗师通常接受投射的效价，投射给不同的治疗师。治疗师在访谈中能

够讨论自己的体验，并将防御性投射认同系统解释成用以防御造成损害的戏谑停止后可能要面临的空虚感。

6. 检测对解释和评估模式的反应

这对夫妻立即对我们的解释作出了反应，情感的程度也有所改变。

"这就像爵士乐队在葬礼上演奏。"列尼认真地肯定道。

在访谈的后期回到他们的防御状态之前，这对夫妻只能对空虚感稍有探索。列尼的空虚感来自于成长过程中活跃父亲的缺乏，而米歇尔的空虚感则来自于她对自己是女孩的感觉，她没有像兄弟那样从母亲那里获得安全感。所以她想要一个像她兄弟一样的男人来让自己完整，而他想要一个强大的、活跃的女性来代替他所依赖的、敬慕的、提供保护的母亲和姐妹。列尼得到了他想要的，除了米歇尔拒绝认同他所投射的母亲形象，而她却没有得到她想要的，相反她得到的人像她哥哥一样令人羡慕，像她自己一样匮乏，和他在一起只会让她再次体验匮乏的沮丧。

7. 对梦和幻想进行工作

这对夫妻没有谈到任何梦。在个人治疗中，来访者早已期望治疗师对梦感兴趣，而在夫妻治疗中，我们必须要让他们知道我们的兴趣。我们确实可以获得大量的潜意识材料，包括米歇尔对一个以她的哥哥为模型的理想男人的幻想。如果想要来访者放弃这种乱伦的依恋，那还需要在未来的治疗中继续努力。

8. 发育阶段和水平的进一步工作

"列尼这么普通。"米歇尔在他们的第二次访谈中抱怨道,"他普通得令人乏味。而我又这么特别。我为什么要恨我自己？我母亲是这样对我的。我曾经很害怕作为女性,而我又不能改变现实。我是一个假小子。我哥哥也与众不同,但是他有足够的自信来这样做。他是个绝对的赢家！我真的很羡慕他这一点。因为我没有那一小部分。我身上有一部分总会提醒我的匮乏。"

对于一个分析师,这些话谈及发育过程中性器期出现的阴茎羡妒。通常我们会把这一主题扩展到更广泛的对男性世界的羡妒。但是在这个案例中,米歇尔这两个方面的羡妒都接近意识层面。

"凡是他有的——让他成为一个完整的体面之人的自信——我都没有。"她补充道。

"你也这样羡慕列尼,他也是他母亲的好孩子。"我对米歇尔说。

但是这次回答的是列尼。

"是的。"列尼说,"在我的家庭中,我是一个有自信的男人。在她的家庭中,则是她哥哥。但是他自信得甚至过分了。他知道自己很好。我愿意像他那样,只做我自己。"

"列尼并没有那种自信。"米歇尔继续道,"当他被要求做一个体面之人,某些情况下可以,可是我在场的时候却不能。"

"那么在床上情况又如何呢？"我反驳道,试图让她回忆起她对阴茎的感觉和这对她的意义。

米歇尔有些为难。"你说一下吧,亲爱的。"她说,把话语权给了列尼。

现在我们了解到在床上列尼是自信的性伴侣，他对米歇尔的阴道痉挛非常敏感。他帮助她来完成性交，并和她一起享受性的释放。无论胖瘦，他都觉得她很美。对于米歇尔，她讨厌自己的身体，而列尼的爱慕让她既满足又鄙夷。

"性对我来说是痛苦，但是和列尼在一起的时候我尽力感到舒服。"米歇尔无奈地说，"你知道，对于一个在小时候有阴茎羡妒的女孩来说，我现在都讨厌它们。所以我显然是有些问题的。"

"你欣赏列尼的一点是他在性交的时候不会对你使用蛮力。"我说。

米歇尔说："是的。他对我很好。"

我说："但是当你还是孩子时，你是把阴茎看成力量的源泉。"

"我不记得关于阴茎的任何事情。"米歇尔纠正我。

我从她对"阴茎羡妒"一词的使用中得到了线索。但是米歇尔泛化了她的羡妒。

"我是指男孩的世界。"我修正道，"男孩有，而你却没有的东西。我想说的是虽然你已经是一个成年的女性，享受女性的世界，但很遗憾你不能从阴茎那里获得快乐，因为你仍然把它看作羡慕和威胁性力量的来源。"

米歇尔说："我将它看成侵犯！我讨厌它。我是有一些偏激，我曾经把它看作是男人对女人的刺入。"

我说："现在你不是这样看的，但是你仍然是这样感觉的。"

米歇尔说："不像以前那么强烈。我曾经把它看成男人施与控制的另一方式，这是我痛恨的。但是列尼从未这样过。"

9. 形成总体印象

应用弗洛伊德理论,我们可以说作为一个孩子,米歇尔曾经认为一个像她哥哥那样的男孩不会感到对拒绝她的母亲的渴望。她想象他不会像她一样感到空虚,因为他有她所没有的阴茎,而她的阴道感觉上就像一个空虚的洞。在她成年以后,阴茎仍然具有威胁性,因为它可以进入那个痛苦的洞。儿童时期对阴茎的憎恨,现在已经转化为了她在成人性关系中对男人的感觉。列尼与她在性上做得越好,她就越感到必须嫉妒地攻击他。列尼虽然很有性能力,但在总体上和性上的自信都受到抑制,而把米歇尔当作是性器的交锋前线,这样他可以避免阉割焦虑。呵护她疼痛的阴道扩张也让他记着,他的阴茎没有引起损害,因此也不会招致报复。

在客体关系术语中,米歇尔都被形容成"躁狂的防御""防御空虚"和"哀伤",列尼则被形容成"储藏所",储存对抗空虚的分裂防御。空虚的痛苦被投射给了米歇尔的阴道,这里是米歇尔心理生理的效价,他们对于治疗空虚的共同渴望都聚焦于她的性功能障碍上。在治疗中,他们可能需要取回对方的这些投射性认同,并发展出抱持能力来承担他们共同的焦虑。

10. 做出推荐和治疗计划

这对夫妻对评估模式的反应反映了他们结合在一起的矛盾。在第一次的访谈中,他们和治疗师配合默契,似乎从领悟中受益。但是他们不想返回。然后他们要求了第二次预约,之后他们再次拒绝更多的接触。当我们讨论夫妻治疗的可能性的时候,我们不会惊异于米歇尔似乎不情愿——对于她来说,治疗意味着承认了夫妻,而她并不想强调这一点。我们建议米歇尔和列尼都继续他们各自的个体治疗,而米歇尔应增加她的个人面谈。

你能展示一下梦在个人评估中有怎样的作用吗？

梦可以提出一个儿童无法在意识层面上面对的主题，或者它可以用以详细描述儿童的冲突关系。在接下来的表述中，儿童的梦及他的联想可以联系他的症状和家庭关系、内在客体关系和他将治疗师当作何种对象的移情。

迈克是一个 11 岁的男孩，在两年的家庭教育之后非常害怕回到学校。迈克可以自如地谈论他的家庭和老师。他说他和母亲相处很好，但是父亲更喜欢他的兄弟们。他说以前学校的老师很严厉，因为先天性髋关节问题做完手术之后，他需要用拐杖来帮助行走，而老师不肯给他多余的时间允许他在课间走动。得到他的暗示，治疗师给了迈克足够的时间在不同的关注点之间转换，让他说话和画画。当治疗师问起做梦时，迈克讲了他最糟糕的噩梦：

"我必须回到我原来的学校，以前那些严厉的老师都在那里。他们说：'进来！你难道不想让我们教你了吗？'我说：'不想。'但是我也不能离开。然后他们说：'我们真的很高兴见到你。我们要抓住你，因为我们会给你布置很多家庭作业。'于是我就跑了，离开了那里。"

讲完这个梦，迈克将原来学校里难以忍受的老师和另一个学校里极好的老师进行了比较。治疗师向他展示了这两种老师和他描述的两类父母多么相似。迈克对他的父母有分裂的印象：母亲是一个理想的客体，他非常亲近；而父亲是拒绝、恐惧的内在客体的来源，迈克将其投射给了老师。他的治疗师猜测迈克在潜意识中对自己也已经用这两种方式进行了体验，但他抑制自己不做出仓促的解释，因为迈克还没有把注意力集中到治疗关系上。迈克解释道："我爸爸不会真的有帮助，他的父母也很严厉。至少我有一个真正的好母亲，所以我将能够爱我的孩子，但也要严格地对待他们。"迈克根据对他们的人格的反应分裂了父母的形象，但是他最后的评论显示出他理解宽松和纪律在管理孩子的时候应该相互整合。这说明在治疗中对迈克的内在客体进行修正是有希望的。

评估和治疗中的工作有何不同？

评估和治疗相似，但也有不同，它的形式不像治疗面谈那样自由，后者可以享有充裕的时间。在评估访谈中，治疗师对来访者的人格进行取样，但不是全面地体验它。尽管如此，评估仍然包括治疗师检查自己对于从人格的表层上与来访者建立联系这个任务的反应，这通常和移情发生之后的深入交流一样有意义，它有独特的启示作用。另一个重要的区别是来访者和治疗师之间没有承诺。所以，如果来访者在评估中取消了一次预约，我们不收取这次访谈的费用。在评估过程中，费用是基于服务的项数来计算，而不是长期的约定。从评估转向治疗的重要性会通过策略的变换来加以强调。

某些治疗师在评估阶段比后来的治疗阶段更加活跃。例如，治疗师可能会觉得来访者在某个方面的探索进行得很顺利。治疗师由此知道来访者在该领域是行之有效的，而其他方面则未可知。治疗师可能会熟练地中断并指出被忽略的其他方面，或者简单地询问这些方面以求完整性。例如，来访者可能会谈一些对家庭关系有用的内容，但是回避了性适应的问题。在治疗中，性的问题会在适当的时候显现，但是在评估阶段，直接询问性关系是很重要的。然而，我们也确实会限制直接询问的数量，因为它干扰潜意识的流动。面询和解释中也要考虑到这一点。在评估阶段，治疗师会决定是通过面询还是解释来了解来访者是否接受或起作用，而在治疗中，我们更强调等待适当的时机来给出解释。无论怎样，在评估过程中我们都要尽量跟随来访者的联想，就像我们在治疗中那样，然而，必须承认有时我们也需要打断并扩展我们的焦点来进行更全面的评估。

评估中询问病史有什么作用？

我们并不建议进行正式的病史询问，因为我们发现这样只是回答我们的问题，而非真正是处理其需要治疗的问题。我们更愿意在病史的自由讲述中的某些时刻询问一些有关病史的问题，例如，在来访者谈论一个当前的关系时询问情感出现的时刻。我们猜测当前的关系也负荷了早期的关系。我们发现这是提出病史问题的有利时机。

你使用家谱图吗？

某些精神分析婚姻治疗师，如克里斯朵夫·戴尔 (Christopher Dare)，会使用家谱图。但是我们不使用家谱图。就像正式的病史询问，我们发现家谱图会生成背景之外的信息。家谱图使用经验丰富的人也许能很好地利用它来获得更多的资料，但是我们发现用情感和移情来工作可以更好地产生有关思维、感觉和行为问题的代际间传递的信息。

另外，在评估过程中，通常是在第一次访谈中，如果信息没有自然显现，我们会大体问一些来访者与父母或原生家庭之间的关系。这不是在寻找一个全面的病史，而只是找到来访者对父母作为个体或对其配偶的简单描述，以及他们与孩子交流的感觉如何。在治疗的过程中，我们会问一些当前生活中与父母经历的涉及关系的事件，尤其在移情中我们处理这些事件的反应之后，这些有意义的内在客体信息将关系到治愈。

在评估过程中你会回答来访者的直接提问吗？

与治疗管理有关的问题总是应当回答。例如：你接受我的保险吗？收费多少，如何收费？你什么时候度假？同时，我们也要谨记这些主题对于来访者有怎样的潜意识意义。另一个通常会被问到的问题与治疗师的职业训练和认证有关。对于有关婚姻状态、孩子、宗教或政治从属的个人问题可以不予回答，而有关过去的临床经验及职业背景和训练的问题则需要开放地回答。来访者将和治疗师做出承诺，来访者有权知道治疗师的资质。任何向另一位治疗师咨询的请求都要给予尊重和便利从比较中选择最适合自己需要的治疗师。我们也许会遗憾这给自己增添了压力，来访者可能最终拒绝我们而选择别的治疗师。尽管如此，这都是为了最好地服务于来访者和接下来的治疗。

所有这些问题和主题都得到了坦率的回答，同时治疗师也想要记住他们对来访者潜意识主题的反应。在思索和解释潜意识主题间保持平衡，同时还要开放地处理实践中的事物，这显然是很微妙的。

你会向付费的第三方提供诊断结果吗？

当保险公司或其他有兴趣的第三方要求，同时也是来访者的愿望时，这样的要求必须被满足。我们全力配合这些经济上的需求，同时我们也公开地和来访者讨论这些问题。如果我们必须作出书面诊断，我们会和来访者讨论各种选择及其隐含的意义。

当对来访者做出客体关系的评估时，我们会得到一个精神分析的印象，但我们不将它与第三方付费者共享。在某种程度上我们以另一身份来做出满足 DSM-IV 要求的诊断。和来访者一起工作来回顾他们的症状，我们选择一个相关的诊断来证明来访者的治疗需要和必要的偿付。

和所有的治疗师一样，我们也感到遗憾，治疗过程中管理式医疗和保险偿付的引入导致隐私可能被侵犯。我们有着与来访者一样的担忧，在这个互联网时代，他们的资料可能会被雇主或未来的雇主泄露。所以我们和来访者讨论风险，告诉他们我们会在保险单上写些什么，并最终做出合适的调整以适应现实。

你如何应对同行评议？

这些相同的主题很多都被应用到同行评议中，这会在评估时或之后发生。这里，我们必须尽力保证来访者的私密和隐私。有时需要一个更详细的、对来访者的心理动力和个人主题的陈述性报告。这些信息必须和来访者的真实身份区分开，并以适当匿名的方式提交。所有这些都必须和来访者讨论以保护他们的隐私，也是为了治疗师的法律保护。

在管理式医疗和全国性收集保险数据的时间里，精神卫生专家尤其需要谨慎。我们发现最安全的方式是尽量少地给出细节，只要来访者够上偿付即可，并且和来访者充分地讨论这件事。我们告知来访者，虽然委员会经过了数年的讨论，已经有相关法律来保护个人隐私，但我们感到还没有得到根本的保证。我们提醒来访者申请偿付的风险，然后我们共同将隐私的侵犯减少到最低限度。

为评估过程建立一个框架是什么意思？

在评估过程结束的时候，我们要建立一个治疗计划。在计划中治疗的进行有相应的模式。通过这个模式，我们指出计划是一周两次的个体治疗，一周一次的夫妻治疗，或是双方同意的联合治疗。一旦设定了计划，我们要坚决地执行它，不随意更改计划，除非有明显的暗示并经过了充分的讨论。我们设定费用和收费方式、收费的期限，以及经常遵守的一系列见面时间。我们准时开始和结束面谈。通过这样做，我们清楚地显示了治疗空间的界限。

在开始的时候建立一个清晰的框架是很重要的，以便来访者和治疗师理解建立治疗的初始条件。然后我们能够检查框架的偏移。这并不意味着计划是一成不变的。但是改变必须经过讨论和计划，而不是来访者潜意识的行为所带来的"偶然的"背离。同样地，我们当然期望治疗师也不会违背框架。当治疗师没有能够遵守框架时，他们就破坏了框架作为检测步骤的作用，也使得激励来访者检测转为背离并将从中获益变得更加困难。

笔记

> 评估的任务是为个体性探索创造一个环境，同时考虑到短期框架和有限的焦点，并且足可扩展地为将来的治疗工作提供合理的样本：
>
> 性心理阶段（Freud 1905）
>
> 分析性家庭治疗师对家谱图的使用（Dare 1986）
>
> 保密（Bollas 和 Sundelson 1995）
>
> 这一章主要是对临床原理的介绍，我们会在下一章对此进行详细的解释和论述。

第十五章

技术1:
设定框架、公正、心理空间和对治疗师自体的使用

技术概观

在技术1（第十五章）中，我们集中于开始的阶段。我们关注良好抱持环境的创造，心理工作在其中得以开展。我们处理承认问题时的阻抗和治疗过程中的焦虑。我们倾听并理解诂语和感受。我们注意重复的行为模式，并推测这些行为如何防御特定的焦虑，包括被我们影响的焦虑和被我们喜欢或拒绝的焦虑。我们将关于我们的负性感受和恐惧说出来，以消除威胁，建立信任的关系。

在技术2（第十六章）描述的中间阶段，我们更为开放地处理我们对个人、家庭或夫妻的感觉反应。我们明白来访者应对我们的方式。从我们自己的感受中发现他们对我们的移情，并向他们说明这如何反映了他们在原生家庭中与他人的早年经历。我们在治疗关系中重建这一问题，并从任一角度对它的任一形式展开探索。

在技术3（第十七章）中，通过我们自己的反应，或通过梦和幻想

的途径，或在与儿童和游戏进行工作的情况下，我们继续更加深入地进行这一探索，以这种方式不断地修通直到可能的结束。然后我们在结束阶段总结并修正治疗的全部过程。

技术的主要方面有哪些？

我们总结了技术的要素，并按照它们随治疗过程发生的重要性进行了排序。见表15.1。

表15.1　客体关系治疗技术的要素

设定框架

保持中立和公正参与

创造工作的心理空间

使用治疗师的自体

使用移情和反移情

对梦和幻想进行工作

解释防御、焦虑和内在客体关系

修通

结束

在开始阶段，我们最关注的是设定框架，以使治疗的开始有着牢固的基础。通过注意倾听来访者的所有诉说，但不进行判断或臆断主题，我们保持中立和公正参与，并创造一个有着良好抱持和容纳的心理空间，就像我们在评估中做的一样。随着治疗的进展，这个空间逐渐变得足够安全，让移情和反移情得以表达并在反移情中被体验。使用治疗师的自体在此入手。我们调整好对自己的反应的觉知，并利用它们来理解来访者感受他人、与他人联系以及影响他人的方式。

我们需要用个人分析或治疗、督导和临床经验来准备好我们的治疗性自体，并将之作为一个敏感的、接受性的和反应性的治疗工具。我们最先使用这一工具来检测和修正移情。当投射性或内射性认同在我们内心唤起强烈的情绪或反应，而结果导致我们在与来访者的关系中具有特殊的作用（我们的反移情），我们便能意识到我们对移情有所控制。总之我们创造了一个来访者内在客体关系的人际解释，这就发生在我们进行检查的面谈中（移情与反移情的辩证关系）。

我们希望能了解梦和幻想的生活，这让我们能深入理解潜意识。从病史、当前的信息，和"此时-此地"的个人体验中，我们可以发现对冲突和哀伤记忆恢复的防御性阻抗的重复模式，然后发展出关于这些防御的焦虑基础的本质假设。我们可以找出焦虑是否和外部冲击或客体关系层面上的内在冲突有关。我们致力于移情的搜集，这是改变的支点（详见第十二章）。随着工作在表面和深层、过去和现在、来访者和治疗师之间的潜在空间、移情和反移情中的逐渐进行，我们重复地经历着认同、体验和解释。这种在不同层面和区域的修通使变化稳定下来。然后准备对来访者开始结束的工作。

现在我们回到开头，本章接下来的部分将用于阐述治疗空间的建立。

建立治疗的框架

罗勃特·兰斯（Robert Langs）描述了框架的需要，包括心理边界和治疗发生的协定条件。约翰·金纳应用他关于框架的观点来描述家庭治疗中弹性框架的使用。在管理层面，框架的内容包括见面的时间、访谈的长度、通常的工作方式、参加的人、费用、取消治疗的程序和参与的规则。一旦这些完成以后，来访者和治疗师要达成一个开放制定的、可以接受的治疗框架，在此框架之下进行工作。尽管如此，框架也并不是一成不变的。它始终具有弹性，可以适应改变的需要和目标，可以在得到来访者和治疗师的相互同意后进行修改。

来访者可能经常想要在没有经过治疗师同意的情况下修改框架。治疗的框架本身反映了来访者内在客体世界的再建，正如被压抑的客体关系寻求在与治疗师的关系中得到表达。因此，框架不能被来访者或治疗师改变，这一点很重要，而对治疗框架形态的攻击也要被理解为再建。这和修改治疗框架不同，也就是说，框架的弹性是通过来访者和治疗师的相互同意来保持的，治疗师和来访者都要彻底全面地考虑治疗过程中显现出的改变的需要。

什么是阻抗？

在治疗中，来访者常借口说自己为什么不能来参加面谈，为什么迟到，以及为什么不能讨论某些问题。这些行为就是阻抗的表现。"阻抗"这个术语是指来访者努力压抑痛苦的感受和幻想，让它们保持在潜意识中。分析来访者为什么需要以这些个人性的重要方式来防御自己就是防御分析。理解对羞耻、尴尬或内疚的幻想应该可以让来访者在暴露被压抑的材料时感到更舒服一些。努力达到去抑制的同时需要机敏和稳固。

冈特瑞普描述了很多主要的阻抗来源。他说，当来访者内心的成人部分在与治疗师的关系中体验到自体中的儿童部分时会感到羞耻，这时阻抗就会发生。治疗中阻抗的主要来源是我们对父母的力比多依恋的固执坚持，不论我们和他们的真实关系有多么糟糕。首先来访者渴望治疗师能够从他们的父母那里拯救他们，然后他们害怕会在治疗师那里再次见到自己的父母。最后，当改变似乎要出现的时候，他们又惧怕治疗师会剥夺他们内心中的父母，将他们暴露在潜在的空虚中。

治疗是如何建立的？

在治疗的开始阶段，治疗师要倾听，从来访者那里了解来访者。不需要问一大堆问题，治疗师询问的态度会鼓励来访者说出自己的问题，而这正是治疗所寻找的，也是来访者的生活、关系和内在冲突的本质。治疗师关注意识和潜意识中的材料。我们对我们的发现保持中立。我们可以和来访者的基本需求产生共情，但不是同情。就像其他阶段，这一阶段里我们由来访者引导，同时也注意自己的内在反应，但没有必要对他们做或说些什么。

但是在工作的方式上，治疗师要起到主导作用。这意味着治疗师要询问当前冲突和过去冲突之间的情感联系，并理解当前关系的重要性，以及它们和客体关系历史的联系。

你是如何创造心理空间的？

在我们所描述的方法中，我们利用治疗环境的安全性在我们的内心及我们与来访者之间创造心理空间。这一空间沟通自体和他人，和温尼科特的"潜在空间"相类似。在这一空间中，来访者内部和外部世界的各方面都被施以检查。治疗师和来访者体验和观察他们对于对方和两者间关系的影响。它们在来访者和治疗师之间行动，产生新的感觉和联系的方式。

你觉得公正参与有怎样的意义？

我们用海姆·斯迪林 (Helm Stierlin) 的术语"公正参与"来指我们的治疗态度：我们在症状学、目标、治疗过程的方向和成果上保持中立。我们在来访者人格的意识部分和潜意识部分之间，在对自体和客体的暂时认同之间，在影响移情的内在客体关系作用呈现在的不同代际之间，做到不偏不倚。通过之前的体验和治疗，我们让自己成为客体联系的基础，在这里来访者可以发现自己并得到成长。换句话说，我们使自己能成为来访者需要我们成为的某种客体，这样来访者可以找到自己。

你如何看待客体关系历史？

某些治疗师强调详尽的病史是初始评估的重要组成部分。在客体关系治疗中，我们也对来访者过去的那些方面感兴趣，因为它们能为当前的冲突提供启示。但我们没有试图去获得一个详尽的发育或关系历史，而更有兴趣进行开放式的提问，如"你觉得这个怎么样？"例如，一对夫妻因为婚姻冲突来治疗，我们可能会询问他们在成长过程中和父母在一起的经历，以及他们童年时对父母的婚姻有怎样的体验。因此随着他们对当前的日常关系和自体体验的表达，我们得到的历史与内在客体关系建立了联系。我们限制去获得历史，因为我们发现更为详尽的历史距离来访者当前的情绪生活如此之远，以至不那么特别有用了。我们更愿意逐渐地收集早些时候的关系历史，关注在治疗的过程中情感密集或僵持时所想到的，而不是在事先就准备好明细单，这些可能来访者和治疗师都会忘记。

你怎样扩大客体关系理解的范围？

在个体治疗中，我们鼓励来访者告诉我们更多的内容，通过我们感兴趣的态度，通过问一些与来访者已经告诉我们的内容有关的问题，或对此进行观察。当来访者告诉我们更多的信息时，我们探讨它们之间的联系。这样，我们就能理解更多。例如，如果一个来访者告诉我们现在的冲突，然后又告诉我们在早年的发育时期出现的冲突，我们可能会问这两个时期有什么异同，我们会问是否能在更早的成人发育阶段，或者长辈成员尤其是父母的生活中找到痕迹。我们也提出当我们想起这些经历时它们之间的情感联系的假设，然后我们等待来访者来证实或修改我们的假设。我们逐渐扩展了来访者的外部生活、内在客体关系和它们之间的联系。

在夫妻和家庭治疗中，我们询问所有在场人员的看法，给予每个人说话的机会，以此来扩大观察的视野。这和要求个体来访者从几个不同的角度来描述他们生活的一些方面是类似的。我们对房间中的所有参与者进行观察，形成家庭或夫妻的共同观点。

怎样使用"此时–此地"和"彼时–彼地"？

我们尤其重视我们称为的"核心情感交换"。这发生在来访者和治疗师之间，或在联合治疗中家庭成员或整个家庭和治疗师之间，发生在情感强烈的时刻。这意味着内在客体关系在此时此地是活跃的，我们以一种完全而即时的方式将它带入到治疗中。在此时此地体验这些交换提供了我们理解个人、夫妻和家庭关系的方式，这比来访者报告在某时某地发生的经历更有效。

什么是消极能力？

我们在探索未知、无形和焦虑区域时，也发展出了无法确信、不能确切知道正在发生什么的能力。这一能力被称为"消极能力"，它来自于约翰·基德 (John Keat) 对莎士比亚的诗歌才能的描述："处于无常、神秘和疑云之中，而没有对事实和根由穷追不舍。"比昂将这一技术应用到他的治疗态度中。他鼓励治疗师在与来访者的关系中要让自己"失去记忆和欲望"。克里斯托弗·波拉斯写道：治疗师有义务帮助来访者赋予"无思之知"以意义，这是关于自体中尚未被思想和语言辨认的部分。我们不把这些说出来，我们不想知道得比来访者更多。

我们解释来访者在认识和思考中的障碍，那么自体中丧失的部分可以被重新发现。我们不应让自己的治疗抱负阻碍来访者的自我探索。

治疗师让治疗任务从来访者那里显现，就像母亲让孩子自己去探索。母亲需要在心里有着成熟和成长的理想状态，但她不强加，因为那会干扰孩子发展自体的需要。这种知与不知、有形和无形的矛盾是治疗的核心。治疗师可以对成长、发育和成熟有自己的观点，但是他们更偏向于不要强制推行自己对好转来访者的印象，因为这会摧毁他对自体的发现，即波拉斯所说的"个人风格"。

同时"失去记忆和欲望"并不是指治疗师什么都不去知道。我们要形成关于来访者的冲突和问题的假设。我们把这些假设解释给来访者，而来访者将与之一起工作，并最终修正、确认或作结论。但假设并不适合来访者的组织。

你能举例说明个体治疗的开始阶段吗？

易普斯坦夫人（第二十章我们还会提到）最初来这里咨询是因为她11岁的女儿非常焦虑，和她经常发生冲突。她们的关系让人殚精竭虑，易普斯坦夫人因而感到疲倦、悲伤和失落。对于易普斯坦夫人来说，做一个好人、充满爱的人是很重要的，所以感到她的女儿不爱她是很糟糕的。她过于想要照顾好孩子了，她一想到有什么不好的事情可能会发生在女儿身上就感到非常不舒服，而且她必须要用很多强迫的习惯来防止她的恐惧真实地发生。她不能承认她对孩子的潜在狂热，她也无法主动要求治疗。

弹性框架

我们工作安排的框架是家庭面谈的咨询，同时也对易普斯坦夫人和她的孩子做个人面谈。当易普斯坦夫人来电话为自己增加额外的治疗时，这个框架受到了冲击。我没有作出安排，而是在下一次的家庭会面中讨论了她的这个要求。她的丈夫意识到了她的抑郁和强迫，并对易普斯坦夫人想要和我交谈感到放心，于是我们同意对框架做一些改变。咨询将延长几个星期，易普斯坦夫人每周两次面谈，同时她的孩子在我的一个同事那里完成心理测量和教育测试，这些都在最后的解释性面谈之前完成，在那次面谈中我将向他们提出建议。

客体关系史

在易普斯坦夫人附加的个人评估面谈中，她把她对孩子的焦虑和12岁时母亲的去世联系起来。她很爱自己的母亲，当她母亲在车祸中意外死亡时，她几近崩溃。在评估阶段，易普斯坦夫人也将我理想化了。在随后的治疗中，她过了很久才开始把我体验成一个疏远的、对其漠不关心的客体，她以另一形式再次体验她的忧愁而孤僻的母亲和疏忽的父亲。

对毁灭的焦虑和防御进行工作

易普斯坦夫人对孩子的毁灭性愿望（她的孩子既代表了可能造成母亲死亡的她的坏的自体，也代表了抛弃她的母亲这一客体）被她通过恐惧进行了防御。在我们对这一防御进行了工作以后，易普斯坦夫人发现并承认她想要伤害女儿的冲动。易普斯坦夫人现在意识到了自己很抑郁，她比她的孩子更急迫地需要帮助，但是仍然抵触对治疗作出承诺。

对阻抗进行工作

我的第一个任务是创造一个安全的环境，易普斯坦夫人感到她和其他家庭成员的需要都将得到考虑。在勇于向我开放之前，她还需要时间来评估我对她的承诺，即使在她看来分析这种治疗方式是自己最后的希望。她确认了我的中立态度，我不会因为她的需要和恶劣来评判她或拒绝她，也不会因为她告诉我自体中肮脏的部分而昏聩，然后易普斯坦夫人开始能够直面阻抗。她说她很怕躺倒，因为她会有睡觉的强烈冲动。联想起她的梦，我们明白了她既希望又害怕深睡，因为她可能在深睡中死去。在分析了这一幻想之后，易普斯坦夫人告诉我现在她感到可以躺在沙发上了，并承诺了治疗，但她的治疗师必须是我。

公正

几年以前，她被从一个信任的治疗师转介给另一个治疗师，那次经历对她可以说是灾难性的，这让她无法再次面对。由于她的孩子没能进入和我的移情关系，我和易普斯坦夫妇都同意最好将孩子转介到另一个治疗师那里做个体治疗，而易普斯坦夫妇可以由我做分析。在这个案例中，有争议的可能是我没有同等公平地对待所有的家庭成员，因为我选择对母亲工作，而不是呈递的来访者。但是我认为我是从公正参与整个家庭需要的角度来做出推荐的。这促进了母亲个人需要的显现，而她最终更有能力帮助她的女儿。

对"此时－此地"，移情、反移情和消极能力的应用

易普斯坦夫人一直在谈论她的母亲，她最喜欢和母亲在一起的感觉。根据她的回忆，她们从来没有因为对方而生气的时候。她的母亲是一个精力充沛、有魅力的女人，在去世之前从来没有生过病。在易普斯坦夫人开始分析后的一个月，我患了严重的感冒。易普斯坦夫人在我每次咳嗽的时候都变得沉默。我不能理解为什么区区一个感冒却

让我感到病得很重。也许感冒病毒特别恶性，但是更有可能的是感染进入了我的胸部，因为我感到不得不抑制咳嗽。虽然我尽职地注意来访者，但是我不能自由地倾听，也不能做出认知或情感上的反应，因为我正非常焦虑地抑制呼吸中任何可能引起咳嗽的改变，唯恐加重她对我的命运的担忧。

这对我的消极能力的状态有什么影响？我当然没有失去记忆或欲望，我一直记得易普斯坦夫人对我咳嗽的冷漠反应。我有着强烈的欲望想要停止咳嗽，让来访者离开，单独留下我。我的消极能力的状态被我自己的担忧冲击。而另一方面，意义正要从这一体验中显现。

我感到病得很严重。我需要咳嗽来消除感染以及它对我自由悬浮的注意和消极能力状态的影响，因此，为了恢复健康我取消了第二天的治疗。易普斯坦夫人烦恼不安。她不能容纳自己的焦虑。她冲她的孩子大喊大叫，整夜无眠，担心他们可能会死。我把这看作移情的早期表现。易普斯坦夫人把我体验为她突然离世的母亲。她没有直接表达对我的愤怒，而是转向了她的孩子，就像她对母亲的愤怒。易普斯坦夫人内疚地呜咽着，告诉我她认为是她的失败导致了我的疾病：如果她能有更多的爱，我就不会得病了。她将治疗关系的移情体验为害怕失去我的恐惧、导致我患病的内疚，而我将治疗关系的反移情体验为我的身体状况的恶化。从治疗关系的此时此地中，我们开始了初步重建易普斯坦夫人对于她母亲死亡的内疚感。在治疗过程中我们多次回到这个问题上，每一次我们都会对"她杀死了自己母亲"的幻想有更多的理解。

你使用节制的分析概念吗？

我们遵从弗洛伊德的建议，限制自己从来访者那里获得满足感。这意味着我们不会取乐于来访者的个人、社会或性关系，因为我们尽力搁置自己从来访者那里获得娱乐的兴趣，以让自己纯粹地成为来访者幻想中必要的客体。这意味着我们也不会满足来访者的需要，而是试图理解它们。例如，在强化治疗中，我们基本上不会对问题做出直接的回答或提供建议，这样才不会破坏揭露和探索的任务。另外，节制并不需要粗鲁地对待来访者或拒绝来访者。对于我们来说，节制指的是要保持在核心自我的工作模式中，成为能够被用来作为幻想需要的任何客体，但是实际上又不让自己成为兴奋或拒绝的客体。在实践中，这意味着我们要表现得自然，而不是职业化，支持来访者所表达的任何正在与之斗争的愿望，但并不满足它们。通过节制，确保我们没有压迫、清除、弥补或去除痛苦的欲望。

你是说你从不给予支持或建议吗？

客体关系治疗有给予支持和建议的空间，但是它们不是方法的核心。支持和建议与规则并不矛盾，只是它们不是客体关系治疗中的主力。在支持性心理治疗或父母指导中给予建议，相比于在其他目标更远大的治疗中并非会起到重要的作用，而在那些治疗中探索未知领域、解释我们了解的内容将更加重要。没有什么比在精确的时机提出解释更具有支持性的了。

笔记

在列举了客体关系治疗的主要方面之后，我们描述并阐明了如何创造一个稳定、安全而又有弹性的治疗空间，在这个空间中我们可以处理关于客体关系理解的防御、阻抗和焦虑。最重要的是治疗师自体的使用，尤其是公正参与和消极能力。

治疗框架（Langs 1976，Zinner 1985）

作为防御的阻抗（Guntrip 1969）

潜在空间（Winnicott 1951）

核心情感交换（Scharff 和 Scharff 1987）

公正参与（Stierlin 1977）

基德的术语"消极能力"（Murray 1955）

失去记忆和欲望（Bion 1970）

无思之知，个人风格（Bollas 1987，1989b）

节制（Freud 1915b）

第十六章
技术 2: 用移情、反移情和解释来工作

发展消极能力，保持节制和中立使我们对来访者的移情作出反应。我们研究了对个体、夫妻或家庭治疗中的潜意识材料的反应，发现来访者的移情唤起的反移情体验可以分为两大类。我们称之为"背景反移情"和"焦点反移情"。背景反移情是指治疗师对来访者的背景移情的反应。而焦点反移情是指治疗师对来访者的焦点移情的反应。

背景移情是来访者对于我们提供的治疗空间的反应，这个空间与"环境母亲"提供的照顾相关。这一移情显露在来访者对治疗框架的态度以及将治疗师当作治疗环境的提供者对其产生的有意识的感受和行为中。

焦点移情是来访者用治疗师来替换亲密关系中的客体的这种感受，与和婴儿自体相联系的"客体母亲"相关。海因里希·莱克(Heinrich Racker)从他对治疗师的反移情研究中得出：这个早年的关系可以通过两种方式在移情中被重新创造。他提出反移情产生于一致性或互补性

认同。当治疗师被认同为客体中被投射的那一部分，我们称之为"互补性认同"。相对地，有时候来访者与客体母亲认同，将治疗师体验为客体关系中自体的一部分。当治疗师被认同为来访者自体中的一部分，我们称之为"一致性认同"。

大多数关于心理动力治疗中的移情的文章都是指焦点移情。在移情的这个方面，治疗师成为了一个具体的客体，根据来访者内在客体关系的需求，或来访者的自体中与具体的客体联系的那一部分的要求而形成。移情的这个方面只有在治疗进行了很长时间以后才会产生，尤其是在精神分析性治疗中。

早期更常见的移情形式是背景移情。在正性的背景移情中，来访者期望治疗师是有益的、有促进作用的。在负性的背景移情中，来访者期望治疗师会产生干预或具有破坏性。在对正性背景移情的反应中，治疗师感到被信任，能够提供潜在的帮助。当出现了负性、拒绝性的背景移情，治疗师倾向于感到被伤害、忽略或不信任。在负性背景反移情的兴奋形式中，治疗师可能会感到兴奋、被唤起、受危害、被引诱、压抑或枯竭。移情是通过评估它对治疗师的影响来诊断的。

你能举例说明个体治疗中的焦点和背景移情，以及一致性和互补性反移情吗？

哈维女士（在《客体关系家庭治疗》中也有报告）是一个32岁的单身平面美术师，在个人精神分析心理治疗的中期面谈一开始就质疑我：

"说话！你难道不知道这样对我是没用的？你真是冥顽不灵。"

当我试图询问她的感受时，她冲我叫嚷："不要这样。你又打断我了。

第十六章 技术 2：用移情、反移情和解释来工作　　150

你从来不在合适的时候问问题。"

我说我无话可说了，虽然我知道哈维女士不会总是回答这样的问题，但是我还是问了她这让她想起了怎样的早年生活。

她不耐烦地说："该死的，你当然知道是我妈妈。还能有什么？"

"但是你告诉过我，在那以前你不像孩子般大喊大叫。"

"我从不叫喊。"她同意，"我甚至都不能说话！但是她冲我喊了，我感到越来越糟。"

如此来说，哈维女士做得像她母亲一样，以母亲对待她的方式来对待我。我们的任务正是要理解现在她不得不这样做的原因。

在这个案例中，来访者不满背景移情，但是事实上她在其中非常开放，也很信任，从治疗的早期即有所改善，而当时她非常害怕治疗关系会让这样的状况显现。那时，她对分析师提供的背景性抱持产生的背景移情被早年经历中养成的不信任感所渗透，但是解释工作和对可靠的治疗性抱持环境的体验也让足够安全的背景移情得以发展。背景移情处于适当的位置，她现在可以在焦点移情中传递她的核心关系的实质，通过将自体的一部分投射给治疗师，而她将自己作为母亲的迫害性的内在客体部分。

几周以后，哈维女士开始不断重复这些话："我今天太累了，不想说话。我整晚没睡在赶一个项目，如果你要我在这里做什么，你就得问我。你知道，我不赞同你让我说话的方式。"

我感到恼怒，有一种"再试一次"的感觉，但是我想要帮助她，于是决定问一下是否提问的场景让她想起了什么。

"这个问题不在点上，你个蠢货。"她反驳道，"我不是告诉过你，如果你要让我说点什么，你就必须要问我具体的事情吗？"她继续以相似的语调抱怨我。

最后哈维女士告诉我她工作中的一个情景，她的老板让每个人汇报项目中的细节。哈维女士一下子哑口无言。她非常生气老板"测验她"，她很想把那些问题向老板喊回去盘问他。

我意识到在这次面谈的前一半我一直被盘问和折磨，也意识到哈维女士比她在分析的早期要愤怒得多。这帮助我认识到来访者对待我就像她自己被对待一样，我现在知道我常常以这样的方式受到她的"虐待"。我好像被拉入了与哈维女士的争斗中，这样的工作方式让我感到自己好斗，不满意自己。过了一会儿，我变得无话可说，只能被拉回到哈维女士提出要求的怪圈里："你在哪？我需要你来问我问题。你对我刚才说的有什么想法？"

在对自我的被纠缠和不满的感受进行工作后，我问她："如果我没有像你要求的那样回答问题，你想到了谁？"

这一次哈维女士回答说："你表现的样子就像是我。我就像是其他任何人：我的姐姐、母亲，我在十几岁的时候讨厌的老师，还有我的前夫。我从来不想争斗。当他们问我问题，我不知道，我就不说话。我会对自己说接下去不该争斗。但是我想要喊叫！"

"我妈妈曾经让我坐在椅子里，要教我识字。如果我读错了，她就会冲我喊：'你不够努力。你要是一直这样以后什么都做不成。'那时我只有5岁，看在上帝的份上！我什么都不说，她会喊：'别坐在那儿！你最好说话或者干点别的！'然后我也想冲她喊，这样她就会知道我的感受，还有她对我做了什么。"

我现在感到舒心了。我不再感到被一种奇怪的、不像自己的部分占据，不再纠缠在争论的沉默中。现在我感到放松多了，又更像我自己了。

哈维女士回收了自己的内在体验中痛苦的部分。

在这次面谈中，哈维女士继续告诉我她和一个男性新发展出来的关系，她对他感到比以前更多的信任和爱意。这和她的婚姻如此不同。但她感到我对这个新关系没有信心，她能把她对我的攻击和这一感受联系起来。如果我怀疑她和之前爱人的关系是不成熟的，她说她愿意承认我可能是对的，但是在此之前她对我没有足够的信任来承认这一点。事实上，她会坚持这些关系是成熟的，即使她知道如果我看到她和这些人在一起我会立刻怀疑。

"我以前从来没有告诉你。"她承认，"你知道，我只能像以前一样冲你喊叫，因为我信任你。我从未对谁有过这样的信任，不论我有多生气、多不高兴，也不会冲他们喊。而现在我也可以告诉你这个新的关系。我确实非常感激今晚你一直让我在继续，虽然我已经累了。你就像是刺，在激励我前进。"

词语"刺"和我产生了共鸣。我意识到我被利用行使了一种功能，以假性性器的方式惩罚、戏弄或刺激来访者。

我投射性认同了来访者的自体，而她自己认同了迫害性的母亲的客体。我对她关于这一角色关系的起源的询问就像来访者和她母亲在一起时体验到的"刺"。在来访者这样做了之后，我感到从投射性认同，或从迫害性的客体的焦点移情中被解放出来，之前这些部分占据了我。当她在背景移情中对我有了足够的信任，告诉了我她的新关系时，我感到自己重新成为了她的一个好的客体。在这个更安全的位置上，她肯定了在分析的早些时候背景移情里是缺乏信任的。

为了理解背景移情，我必须要忍受被攻击和被恶劣地对待。哈维女士反复攻击我控制工作的能力。但是，在这次面谈中她明白了，她攻击我的能力现在代表了产生信任的背景移情的新能力，她在早年的

153　客体关系入门

生活中已经放弃了这种能力，或许她从未有过。我的容纳她的焦虑性攻击的全部能力最终给了来访者信心，我的心灵能够提供安全的抱持。这个小插曲论证了对强化容器物的确信，它既让焦点移情和焦点反移情得以成长，也让理解的工作能够进行。

在治疗的后期，在信任的背景移情中，焦点移情变得更加强烈。在上一个案例中，我认同了她自体的一部分，而她认同了自己迫害性的客体，而这一次相反，她将我移情为她的客体，而哈维女士则认同了她的自体。当我的假期临近，哈维女士对于将我体验为抛弃的客体变得极度敏感。

在暑假的前几周，哈维女士开始有自杀的倾向。她很快找到了另一个新关系，恢复了对生活的掌控，而且使我确信这都是因为她的新男朋友，一切都很好。我提出，这个关系和它的迅速建立可能行使了防御功能，这是为了防止她对我的依赖让她产生恐惧，因为我马上就要离开了，她很愤怒。她挠了挠头，怀疑而沮丧，说了20种不同的原因，但我似乎根本就不能理解。

"闭嘴！你理不理解根本就无所谓。"她得出结论。

面谈接近尾声，她离开的时候把头发弄直，说："我非常抱歉我很粗鲁。我知道我不得不这样做，但是我也很抱歉你还得忍受！"

第二天，她进来时说："这真是很难说出来。我昨天一走近我的车就知道你是对的。我想我是因为你要去度假而生气。你像我的父亲一样抛弃我，我不能忍受你在我这么需要你的时候要离开。我也不能容忍对你说这些。我的意思是现在我可以了，但是这仍然不容易。"

通过治疗师自愿地体验为来访者的自体和客体中被投射的部分，同时保持较不严格的自体，焦点移情在治疗中被容纳和修改。来访者从投射性认同转向内射性认同，投射性认同中治疗师被当成来访者的抗力比多客体，而来访者被修改后的投射性认同在治疗师形成的容器中消除了毒性。另外，来访者在治疗师的容纳功能和代谢得更好的内在客体关系两者的内射性认同中得以成长。

焦点移情可以被背景移情代替吗？

某些来访者会给治疗情景强加一个不成熟的焦点移情。边缘或瘴病的诊断类型中，很多情况下，这些来访者会试图将治疗师作为他们生活中的重要或兴奋形象的即时拷贝。因为害怕治疗师不能稳定地成为促进性的环境形象，来访者用一个色情的、攻击性的或其他扭曲的客体来代替中立的治疗师，以补偿来访者内心世界里丢失的环境客体。在治疗中需要及早解释这一现象，以处理来访者对治疗不能提供安全的抱持环境的忧虑。

移情和反移情有多重要？

移情和反移情是客体关系治疗技术的核心。它们提供了来访者客体关系的有效的当前形式，留存在与治疗师的关系中。这样形成了"此时－此地"的实验室，在这里内在客体关系可以被感知，留存，并进而被理解——而不是简单地在理智上讨论。

移情和投射性认同是一样的吗？

回答是既否定又肯定。在弗洛伊德的概念中，不是：移情指的是治疗师将他们的冲动替换成新的目标。在客体关系的概念中，是的：移情和投射性认同是一样的，治疗师认同为被投射的客体或自体的一部分，然后内在客体关系在来访者和治疗师之间被重新创造出来，在那里它可以被重塑。

在客体关系治疗中解释的作用是什么？

从詹姆斯·斯特雷奇 (James Strachey)——一位通晓客体关系理论的早期弗洛伊德理论家，到豪尔德·史特多尔特 (Harold Stewart)——一位英国独立性团体的现代分析师，分析家们一直用解释来指治疗师干预的连续统一体，从复杂的程式到简单的评论，都是为了建立共享的理解。治疗师将观察集中在一起——包括来访者自己的观察——对这些进行反馈来了解来访者是否认同它们，再将广泛呈现但来访者自己理解不清的事物进行连接或澄清。来访者有机会反对或修改治疗师所说的话，一方面是尊重来访者防御的需要，另一方面也是让来访者来调整解释。通过经验和督导，我们知道什么时候应该重视对解释所做的更正，什么时候应该拒绝更正。我们大体上发现过度有力的否认，如哈维女士说的"闭嘴！"，比起深思熟虑后的修改建议，它们更应被拒绝。我们充分考虑来访者的反应，不断地修改我们自己的理解。

解释以连接和澄清开始，继而以各种方式理解来访者生活中无论多么久远的事情如何影响了当前关系中的问题。最有效的解释开始于移情和反移情的当前演绎，并继而重建被压抑的内在客体关系。

笔记

相关工作包括：
焦点移情和反移情，背景移情和反移情（D. Scharff 和 J. Scharff 1987）
互补性和一致性的移情认同（Racker 1968）
移情（Freud 1905a）
解释（Strachey 1934，Stewart 1990）

第十七章
技术 3: 梦、幻想和游戏的使用

客体关系治疗中如何使用梦?

弗洛伊德称梦是通向潜意识的捷径。梦能够让人到达比意识层面的理解深得多的水平。当来访者回忆梦，我们倾听并在标准精神分析方式下等候梦的联想。我们不提问，也不寻求梦中疑惑的答案，我们只是简单地记录来访者与梦有关的想法。熟识来访者的治疗师可能也有一些与梦有关的想法，促使来访者得到更多的材料和理解。梦的形式显露了来访者的内在客体关系。不论是精神分析治疗还是深度较低的心理治疗，梦因其反映了移情而最具解释性。

在家庭、夫妻或团体治疗中，梦提供了人际领域的交流。梦首先由做梦的人来理解，他提出自己对梦的想法和理解。然后，治疗环境中的其他人可以对梦进行开放联想——配偶、家庭成员或团体成员。他们的想法和联想是理解的一部分，这种理解所包括的梦的含义，不仅是对于做梦个体，梦对于整个治疗团体。我们认为个体的梦是与夫妻、家庭或团体的移情交流。

在弗洛伊德理论中，梦产生于日间事件的内在幻想残留在意识中的复杂结合，也表达了婴儿期愿望的满足。在费尔贝恩的客体关系理论中，梦揭示了内在心理结构。

在第四章我们描述了费尔贝恩心理情景的六部分模式：核心自我及其理想的客体，其特征为合理的内在和谐；拒绝的客体和内在破坏者(后来他称之为反力比多自我)，以愤怒、迫害的焦虑，和沮丧为特征；兴奋的客体和力比多自我，其特征为对被过度唤起的贫乏性的渴望和焦虑。自我的内在结构能够产生意义和行动，彼此都处在持续的动态关系中。费尔贝恩认为梦不应被理解为愿望，而应为内在心理结构的陈述。他阐明了梦中呈现的心理元素之间的关系。

梦如何反映了初始的治疗联盟、背景移情、内在心理结构和反移情？

亚当，26岁，是一名失业的工程师，最近刚刚再婚，他来找我治疗，当时我还是初出茅庐的治疗师。亚当因为他对女性的依赖、性能力不足的恐惧和无法找到工作来寻求帮助。在第一次分析面谈的中期，亚当报告了前晚的一个梦。

他说："在我的梦中，洛杉矶道奇队要我当右场手，因为他们缺少一个队员。投手会怎么看我呢？我应该怎样击球？我尽力不去想在场地上将怎么做。我对自己说：'为什么不等到该你击球时再想这些呢？'我担心在外场右翼没把球握稳。"

亚当继续告诉我他对父亲的怨恨。他说从4岁开始，他父亲在教棒球的时候总是不耐烦地批评他，这也是亚当性障碍的原因。然后他想到了托马斯·曼(Thomas Mann)的《魔山》，书中的医患关系是同性恋样的，治疗师也并没有将来访者治愈。

梦和初始的治疗联盟

梦表达了亚当的恐惧，精神分析的开始可能就像与父亲学棒球。这暗示他想要我教他一点东西，但是又把我看作像他父亲一样有威胁的、非难的，同时又是有诱惑性的。

"他会看着我练习或打小联盟比赛，而我觉得永远都做得不够好。"亚当说，"我记得有一次在右翼掉球了，结果输掉了一场比赛，我感到无颜见他。他要我做得出色，我都快要对他发疯了。"

"你抱怨他在你感到自己不够格的时候却一定要你做好。"我说，"你害怕在这里也会发生这样的事。我就像是投手，你很担心我会怎么看你，但同时你又不得不做我的对家，我投球，而你必须要击打。"

"我想你会尽力要我出局。"他纠正我说，"或者你做得比我好得多。毕竟，这是你的游戏，你知道接下来该怎么做。"

我当时没什么经验，很希望让他知道我能理解，我很快回答："所以你一直努力让自己不去担心它，同时你等着看一看你是否能把球击中。但是你又在担心当我把球打向你，你却没接住。"

"是的。然后你也没有办法能帮助我了。"他断然地说。

"于是这就像《魔山》里医生和来访者之间的关系。"我说，"十分投入，但治不好。"

梦是对背景移情的注释

医生和来访者之间同性恋关系的影射，以及我是否有些不择手段的问题让我感到威胁。我决定评述亚当对开始治疗的焦虑，表面上是为了获得正确的治疗技术。我没有对我的反移情进行工作，一个问题突然出现在我的脑海里："我应该扔给他一个什么样的球？"当认识到立即开始评论他的同性恋恐惧或愿望还为时过早之后，我决定将来再去考虑这些问题。

梦同时也揭示了他对治疗的阻抗。即使他想取悦我和自己，这是来自他和他父亲之间的关系的移情，他也希望和我竞争，同时又害怕失败。他也害怕我会输。他很快就转向这个对我的不成熟的焦点移情——作为对立的投手和击球手，因为他唯恐我不像一个温和的、善意的教练那样支持他为成长和竞争而努力。

梦是内在心理结构的展示

亚当的梦也揭示了他的内在心理结构。这是他自己孩子时期所特有的那部分——他的力比多客体关系——封闭在与拒绝的客体关系强烈的、击败自体的斗争中，而这显然是基于他和父亲的关系。游戏和被表扬的可能性就像刺激兴奋性客体一样难以捉摸。而不可避免地被责备也来自于拒绝的客体关系。内在破坏者使他丢掉了球。他替补的"缺少的队员"指的是他的核心自我功能的不足，表现在他的症状中。成为一个好队员体现了他所没有的理想客体。或许"缺少的队员"也指他和他的养母之间的关系中被剥夺的感受，他的父亲可能也有这样的感受，因此他给了儿子非常大的压力来满足他自己。无论我们在之后的治疗中发现是何种原因，亚当都没有能够得体地击败俄狄浦斯情结并达成妥协，所以他也不能在社会工作中竞争成功和具有进取精神。在亲密关系中，他对自己的性功能没有自信，他不能爱上一个不给予他支持的女性。

对梦进行工作中的反移情

亚当的梦不仅描述了他自己，也探测了我对他的自体和客体投射性认同的反应效价。在我对梦的反移情中，我有意识地感到对亚当（他的自体投射性认同）的认同比对他父亲的认同更多。我的努力比那些全心投入但治不好的关系更好吗？我应该丢掉球吗？教给我分析的老师会怎么看我？另外，像他父亲一样（他的客体投射性认同），我拼命地想让亚当做好，这样我也可以做好，并且以这个案例向同事证明我是一个完全合格的分析师。那就是为什么我将同性恋的提及搁在一边：我无法面对自己的训练是如此地依赖于亚当。我的反移情反映了《魔山》里医生的同性恋渴望，同时来访者对空虚的恐惧让疾病无法治愈。

梦揭示了内在心理结构，也传达了人际间的意义，即使是在以内心为焦点的个人治疗或精神分析中。在精神分析或个人治疗中讲述一个梦就是人际交流。梦参与治疗的对话，表达了来访者和治疗师之间的主题，有时体现了做梦者的阻抗，有时还描绘了移情，而有时还预示了心理结构的改变。

我们在客体关系治疗中如何使用幻想？

对幻想的处理和梦一样。我们倾听幻想，观察相关的情感，等待自由联想。幻想看上去是内心领域的个人化表达，其实也表达在当前的客体关系中。

在夫妻治疗的中间阶段对幻想和内在客体关系进行工作

亚瑟医生和其夫人朗达·克拉克（《客体关系夫妻治疗》中有更详细的描述，第六章）在我这里治疗了一年。我们工作的主要问题是亚瑟的被动，他不能作为成功的、有进取心的和关心他人的人而得到朗达的赞赏，而且他还总想将朗达比作办公室里的护士来贬低她。我们同时对朗达的长篇大论和蛮横的行为进行了工作，这些行为让他、他的同事、他的家庭疏远她，也让她感到被轻视。他们的性生活有所改善，因为他的需求少了一些，而她也不太会拒绝并与之争吵。尽管朗达已经不再脾气暴躁，但他们顽固的防御系统仍然没有为此让步，在这一系统中指责归属于她，她贮存了愤怒、贪婪、野心和夫妻中坏的那部分。我从她音量的降低和反应频率的减少以及他对她轻视程度的减轻中看到了进步，但是基本的形式没有改变，直到亚瑟感到足够安全地把他的虐待狂的谋杀幻想全然告诉朗达和我，在幻想中他奸杀了那些抛弃他的女人。宣泄在确保他的缓解中起了一些作用，但是主要的治疗效果来自于他对待房间中两个真实女性的方式的反移情，正如他告诉我们他对于其他女性的幻想。

亚瑟总结道他很害怕别人会认为他会把幻想付诸行动，他从未这样做过，将来也不会。他转向我说："你会理解那种恐惧。"

我感到非常不舒服。如果我承认我对这样的恐惧很熟悉，我感到我会与他站在一边，而忽略了他的妻子。

朗达觉得被排斥和贬低，反驳道："你说她会理解，就好像我不会理解一样。"

"她是一个精神病学家，她司空见惯了。她会知道我在真实的性里不会有这样去做的冲动。"他回答说。

朗达一语破的："她怎么知道你不会付诸行动？我又怎么会知道？你知道？因为你看上去真是恐怖。"

我说："没有证据说明亚瑟会把这些幻想以谋杀的形式付诸实施。但是有证据表明他害怕这些会失控。我们此刻也有证据显示你们在这个关系中彼此之间做着虐待狂式的事情，不是躯体上的，而是精神上的。"

"就像刚才发生的事情！"朗达大喊道，"当然她受过训练，但是我也可以理解。"

"我不是要做这些事。"他提醒她。

"对。"她回答,"是你的感觉。亚瑟,在知道这不仅是因为我的时候,我感到很轻松。这些年来我一直在为搞糟婚姻承担罪责,你知道吗,我感到轻松多了。事到如今,这些年他也负有责任。"

"但是我告诉了你我虐待狂的幻想。"他说。

"你从未做过。"朗达反对道,"我不是说你从来没有谈过那些幻想,而是你从来不曾进入真实的自己,从来没有这么详细地谈及。你总是说这说那,总是说我。现在我发现你的幻想阻碍了我们的婚姻。现在我也许能把强奸看成是令人兴奋的,但是你为什么还想象谋杀?这太可怕了。"

我说:"在某种程度上,幻想中有威胁的部分在你们两个人内心都会被唤起。但是在结束的时候,亚瑟,你害怕会失去控制,而朗达,你对自己的生活感到害怕。"他们若有所思地点头,我继续说:"其实,这些并非是在压制,而是在暗中提升这些强有力的幻想。"

"这对于你和我们来说都是一个很大的困扰。"朗达说,"但这总算是明朗了一些。"

我倾向于同意朗达的评价。亚瑟保持幻想的时间越长,对他来说就越加真实,他害怕被发现,于是深藏内心却又渴望倾诉。此外,倾诉的方式是投射给朗达,朗达进行了认同。在她对亚瑟的愤怒和攻击中,她表达了攻击和割裂他的部分,她有这样的效价。同时,他容纳了她想要死亡的更重大的灾难,她的这种愿望和恐惧,来源于她嫉恨的哥哥的早逝。

在中间阶段的后期修通幻想的人际表达

在之后对克拉克夫妻的一次访谈中,朗达说她一直很感激她的丈夫与她分享了他的幻想。虽然她觉得对丈夫的性反应还是尝试性的,但是她感到与他的亲近，他们在共同解决问题，这是她第一次感到和他有着一样的义务。夏天就要到了，像往常一样，她要带孩子去缅因州看望家人，相处一个月的时间。在此之前朗达一直把每年夏天的旅行看作逃避亚瑟对她的批评和性要求的机会。而现在她第一次因为家庭不得不分开一个夏天而感到悲伤。

共享幻想是一个治愈性的体验。这对夫妻而今可以超越偏执—分裂样位态的功能特征水平，进入到抑郁位态中，他们开始关注能够承认丧失的客体。

在他们假期后的一次访谈中，朗达说她从最后一次访谈中受益良多，这让她在四个星期中一直在思考着。即使亚瑟打给在缅因州的她的电话中没有表露出情感，即使他没有说想念她，她虽然感到心痛，但没有像以前一样爆发。她意识到他本就是那样。

我意识到了亚瑟并没有因为朗达离开数周留下他一个人而表达出愤怒，而他对这件事的处理就是把她从生活中除去。

"我感到她到缅因州去让我有些生气，而我却在对家庭说谎。"亚瑟承认。

"他就是当我不存在。"朗达肯定地说。

我说："那么，这又是有关执行杀害的幻想。"

"对。"朗达回答道，"但这不是我亲历亲为的——是他。最近的两周，我能够有成长的感觉。即使他轻视我，我也不再多愁善感了。这对于我来说是一个很大的改变。"

亚瑟对自己谋杀幻想的暴露释放了朗达成长的能力，但同时揭示出表达在幻想中的潜意识投射性认同无声无息地压制了她，抹杀了她成长的能力。

个体对文化幻想的使用

我们没有局限在潜意识的幻想中，只考虑来访者单纯想象的产物，我们也对文化幻想工作，如来访者提起的电影或书的主题。来访者（或家庭）的联想被用来理解与潜意识幻想相联系的意识层面幻想的意义。一个人对故事或电影中某些元素的强调或扭曲——这些情节是众所周知的——为来访者的内在客体关系和起作用的方式提供了信息。例如，让四位来访者分别观看电影《岁月惊涛》——讲的是一位女心理医生鼓励她的一个来访者的兄弟回忆和暴露被压抑的家族史，而在这过程中她爱上了他——四个来访者对这部电影的反应因人而异。其中一个来访者对于故事中他回忆的强奸场景的创伤最受触动，她由此回忆起了自己在多年以前被强奸的极大痛苦。第二个来访者感受的焦点在男主角和女医生之间恋爱关系的治疗性，以此来压抑对好色的丈夫的报复性攻击欲望。第三个来访者，她在潜意识中正在抵抗对她的女性治疗师的同性恋感受，所以对于电影中女医生性的反移情行为非常不满。第四个来访者，他非常愤恨母亲对他兄弟的诱惑性依恋，因而他注意的焦点在于女医生否认她的爱人，即电影中来访者的兄弟实际上也在接受她的治疗，而她的循规蹈矩让他诱惑她的愿望落空。

你在客体关系家庭治疗中使用游戏吗？

儿童在关系的背景中学习。他们通过自己的经历建立起心理结构。当他们在游戏的时候，他们重演发生过的事情，也预演将来的角色。他们喊叫乱跑，这帮助他们处理焦虑。他们在得到乐趣的同时呈现了自己的内在客体关系。某些儿童在玩具屋里把玩具娃娃摆成家庭的形象，如实地反映出他们的家庭体验和感受。其他的孩子则以更具象征性的方式来显示他们内在客体关系的各个方面：他们通过对颜色的选择来表达相应的情感；他们玩毛绒玩偶和硬积木的时候是在揭示他们自体不同部分之间的冲突；而他们玩牌、积木或多米诺的时候也是在揭示他们的内在结构。从他们关注玩具的方式中，我们可以推测养育他们的抱持环境的类型；从他们对玩具的选择中，我们可以知道他们情感操作的发育水平。例如，喂养和厨房游戏、持球和放开球、躲藏和寻找、分开和再联合的游戏、竞争，以及俄狄浦斯式的浪漫。游戏也在向我们传达移情，有时候是直接而明显的。例如，孩子以一个玩具角色拿着枪指着治疗师的头，则他便能知道孩子想要他死。

有时，我们在对游戏的反移情中接收移情的信息。例如，一个男孩把颜料倒进一盆水里，然后搅起颜料溅得到处都是，并一直在抱怨他的母亲总是太忙了。他的女治疗师认为：如同他的杰作溅出地毯，这个男孩想要她知道他对母亲的愤怒有多深；然后他把一个泥蜘蛛淹在水里，再一次表达了他对母亲的愤怒；但同时泥蜘蛛是治疗师在上次访谈中给他做的，所以在这个游戏中，男孩同样传达了他的愿望——淹没治疗师的想法，沉没她想帮助他处理感受的愿望。

对游戏中表达的幻想进行工作

孩子可能会用语言来分享他们的幻想，但更常见的是以游戏的形式表达出来。通过游戏，孩子提出一些主题，成人对此可能更具防御性。

瓦洛一家（我在《客体关系家庭治疗基础》的瓦洛家庭案例中进行了更详细的描述，第二十四章）来找我咨询，为了控制他们孩子的黏着行为。在一次诊断性访谈中，瓦洛先生和夫人正在和我们交谈，他们的 4 岁女儿泰瑞和 16 个月大的布鲁克在旁边玩耍。孩子的游戏表达了他们与前俄狄浦斯母亲分离的幻想和对父母性生活的原始场景的容纳和排斥。

瓦洛先生抱怨妻子不能保持房间的清洁。他对于她的期望是，她必须处理家务和带两个孩子，而且得不到任何帮助。这些都让她难以承受，她谈到很想念她的母亲，虽然彼此住得很远，但她以前总是向母亲寻求支持和建议。她说话的时候，布鲁克坐在她的腿上吮奶，这正是她母亲的渴望的生动写照。

如同4岁孩子所特有的，泰瑞在地板上搭了一个低矮的、封闭的建筑物，里外有些动物。两只羊在里面，爱发牢骚的奥斯卡正从里面出来。

这个游戏告诉我们一个远离母子二元关系的幻想。离开的那个人可能感到不高兴。但是两只羊是否代表了把泰瑞排除在外的母子关系，或者是布鲁克现在必须与之分离的关系，又或是父母配偶，他们的卧室把两个女孩都排除在外？

父母对于他们之间的差异正谈得投入的时候，布鲁克离开母亲的大腿，搅乱了泰瑞的游戏。泰瑞打了她一拳，布鲁克回到母亲腿上。父母不得不中断他们的谈话来处理打架。

治疗师提出，孩子的打架是为了转移父母之间的争论。但是瓦洛夫人纠正说孩子在父母说话的任何时候都会来打断他们。瓦洛夫人继续描述泰瑞坚持要父母听她说话，而且坚持要打断父母的谈话。

"所以，泰瑞希望打破母亲和父亲的联系，以及母亲和布鲁克之间的亲密关系。"治疗师说。

泰瑞和布鲁克在游戏中对这个解释作出了反应。两个孩子在一起游戏，没有任何冲突。泰瑞让爱发牢骚的奥斯卡看着外面的一些小牛，也许他希望能和它们一起玩。"他正想知道它们在干什么呢。"她解释说。

布鲁克把玩具放进车里，对它们说："再见。"

泰瑞的游戏暗示我们她的一些感受：被父母的兴奋状态排除在外，她希望她的俄狄浦斯好奇和观察他们的渴望被容纳。布鲁克的游戏显示她正在进行分离练习的任务。每一个孩子都对父母的关系产生了焦虑，而他们也都以与他们的年龄相符的关注方式作出了反应。

泰瑞继续和动物玩耍，说马厩外面的马很孤独，但是两只羊并不孤独，因为它们彼此在一起。瓦洛夫人充满感情地诉说她对母亲的依恋，每周末她们都要一起外出购物，留下父亲在家里把房屋和花园收拾完好。接下来，布鲁克自己躺到玩具床上，一动不动得像具僵尸。然后瓦洛夫人谈及她19岁的时候父亲在一个周末死在了自家的花园里。

孩子的游戏一直引导我们理解潜意识的幻想，即两个人如果太亲密就会伤害第三个人。布鲁克的装死和瓦洛夫人的叙述共同引入了死亡的主题。关于竞争和排斥的俄狄浦斯焦虑由于担忧被杀而不能得到解决。在幻想中，第三者的丧失把人推回到早年的二元关系中以获得安全。当瓦洛夫人有这样的感受的时候，让孩子和她分离对她来说是艰难的，不顾孩子的不满而与丈夫保持亲密也是令她不安的。她同样也难以清洁房屋，因为看起来她的父亲被迫从事这些正是他的死因。

孩子在他们的游戏中暴露了潜意识的幻想，正如成人在报告幻想或梦时所做的。在夫妻和家庭治疗中，个体通过语言或游戏来共享他们的幻想，而家庭共同来与它发生联系。我们发现幻想到目前为止可能仍然是潜意识的，但是尽管如此，我们仍然找到了它在症状中的表达，并且获得了它在家庭关系的本质中的活动形式。在客体关系治疗中，我们的目标是将潜意识的幻想意识化，从而中止目前它对家庭关系的破坏性影响，并修正基于它们的内在客体的内化。

你能阐述一下梦在中间阶段的使用吗？

亨利，一位聪明的男士，却深受抑郁、低自尊的折磨，在婚姻中感到被疏远和孤独，享受并重视一周两次和我的治疗。他觉得他下面的这个梦非常奇怪：

"我梦到我在你的候诊室里，你对我很刻薄和厌烦。当我走进你的办公室之后，你又一如往常地和蔼和专业。"

亨利继续说我从未那样刻薄对待过他，他的父母或任何其他的人也没有。当我说"刻薄和厌烦"听起来就像孩子所说的话时，他记起来他哥哥是怎样粗暴地欺负他的妹妹，使她至今还留有伤疤，而他自己是永远都不会这样做的，还有他在高中是如何地害怕迷茫，以及当他被欺负的时候如何处理沮丧。隐藏自己的沮丧让他感到孤独。他说道，虽然他的母亲对他十分满意，但她仍然会无情地鄙视那些没有品味、低智商或热衷赶时髦的人，她也很不屑他的父亲没有敢于挑战她，而只是一味退缩。

我说亨利隐藏了他的恐惧，害怕像父亲一样因为退缩而受到折磨，于是他感到他相信父亲也会感到孤独。远离恐惧的需要也让他与自己的妻子产生了距离。

亨利说在治疗前没有人认真倾听过他，而他喜欢被倾听。同时，他一直感到沉溺于治疗中。他告诉我他的母亲是在纽约长大的，那里精神分析在她的朋友中非常流行，而她则不遗余力地贬低精神分析性治疗和那些在她看来愚蠢而贫乏的朋友，说他们只是徒劳地浪费时间。我认为亨利在他的内心中容纳了母亲的批评声，而他需要被理解，他的这种带着内疚的享受，招致那些批评者的轻蔑。

在办公室里，我一直在场，这是令人安心的，但是我的缺席却令他心烦。在梦中他急于等到他的访谈，轻蔑的部分（母亲）和粗暴欺负人的部分（哥哥）侵害了他在治疗关系中的自信——内在迫害性客体使他感到自卑，也让他产生我对他厌烦的感受。在接下来 8 个月的治疗中，这个梦引入了与等待照顾者有关的不安全的主题，提醒我他将我作为迫害性客体的否定性移情，预示了他被深深压抑的刻薄和厌烦部分的出现使他对此非常羞愧，并因此定位在我这个替代者身上。

你能说明怎样在夫妻治疗中对梦进行分析吗？

我们倾听个人的梦，将之作为夫妻和他们的治疗关系的产物。我们倾听梦，接受梦者的联想，就像我们在个体治疗中一样。我们等待或询问伴侣的联想，不是为了解释个人的梦，而是利用它来获得这对夫妻的共同看法，以及他们对治疗有着怎样的感受。这里我们说明梦是如何进入到性和情绪的问题以及移情的本质中的。

背叛之后对亲密关系的共同恐惧

罗伯特和黛安都已经四十多岁了，似乎拥有了一切，但是他们却濒于离婚。黛安对他们的性爱没有兴趣，而罗伯特和她在一起时也会出现周期性勃起障碍。黛安质疑罗伯特的爱，他也质疑她的爱和自己的能力。在治疗中，我们鼓励他们向对方说出自己的秘密外遇。他们婚姻中的空虚通过对外遇的热情得到加强。他们仍然在努力地建立信任，修通自己的反应。

罗伯特的两个短梦

第一个梦："一个大个子想把我痛打一顿。我告诉另一个男人如果他保护我，我就付给他 2500 美元，他接受了。"

第二个梦："我在一间汽车旅馆的浴室里，人们都带着自己的爱人去那里。我和黛安在浴室里，还有一个印第安裔男人。我们都赤裸着，测量阴茎的长度。我强有力地勃起了，但是他的更有力，我觉得他的角度更好。"

罗伯特和一个女人有染，这个女人的丈夫已经原谅了她和一个印第安人的婚外关系。也许他也能原谅黛安的外遇。

黛安对罗伯特的联想：罗伯特的情人爱抚着他，而此时罗伯特却想象着黛安爱抚着她的情人，他感到自卑，他哭了起来，因为黛安让他感到侮辱和气愤。我在这里听到了一个移情交流。他们付钱给我，让我来帮助他们，也许他们觉得在此过程中深受折磨。我问他们是否感到很不舒服，因为我从他们未曾有过的有效角度上进入到他们婚姻的情感深处。他们确实有这样的感觉，但是他们也感到获得了帮助，就像他们也受益于彼此的暴露和面质。

黛安的梦

"我在瀑布下方一个华丽的游泳池里与其他人一起游泳，我穿着一件样子很棒的比基尼。该回家了。我和一个男人离开游泳池。我们向山上走去，越过一些困难后，他把手搭在我的肩膀上。我说他冒犯了我，而他的反应就像这样：'如果你认为我做错了什么，你就真是个愚蠢的女人！'我们进到车里。另一个男人紧挨我坐着。里面很挤，他的腿接触着我的腿，感觉糟透了。这时候白色的比基尼更像是一件内衣，我感觉自己赤裸地暴露着，但是并不感到粗俗。"

黛安说在这些男人中间只穿着内衣让她非常不舒服，这让她想起了她对她的外遇所感到的不适。罗伯特说那两个男人象征着她的两次外遇，这个梦向他表明她感到被暴露、易受攻击和失去控制。

我说："活跃在外遇和游泳池里的性感女人，梦中只穿内衣和男人在一起却感到不舒服，这正如黛安即使在家里与罗伯特赤裸相对会感到勉强，也不愿意在治疗中暴露她的感受一样。"

黛安说："车就是治疗，那里狭窄得让人不舒服。你让我想起不愉快的事情，也让我感到不舒服。"

讨论

黛安的梦是从游泳池开始的，这个映像反映了他们简单的生活方式。她梦中的男人与罗伯特梦中的对手相呼应。罗伯特的梦描述了当黛安与人分享自己的时候他所受到的伤害，以及他需要一个强壮的男人来支持他对抗迫害性的内在对手，这个对手让他阳痿，他因此感到自卑。这些梦显示了将我作为那个印第安人的移情(有关我夏季的肤色)，他可能会帮助这对夫妻原谅对方，但是他也可能会以这件事的成功来羞辱罗伯特，同时，他还可能作为付了钱的保镖，先侵犯他们再给予保护(要求暴露和支持修复)。他们对于我的复杂感受同他们彼此之间的矛盾情绪相互呼应。罗伯特的梦表明这对夫妻之间共有的背景移情如何体现了他们的问题，并因此成为解决它的工具(Scharff 和 Scharff, 1991)。他们的梦一起引导我们来理解嫉妒、对抗和羡慕的相互影响。

笔记

梦、意识和潜意识的幻想，儿童的游戏都是通向潜意识的途径：
梦（Freud 1900）
暴露在梦中的内心结构（Fairbairn 1944）
在夫妻治疗中对幻想的使用（D. Scharff 和 J. Scharff 1991）
在家庭治疗中对游戏的使用（J. Scharff 1989a，D. Scharff 和 J.Scharff 1987）

第十八章　短程治疗

既然客体关系治疗属于深度治疗，那么它怎样才能被应用于短程治疗？

客体关系可以同等应用于短程治疗、长程的个体治疗，甚至单次面谈。这对于功能良好的家庭和个人出现的危机，以及当环境限制了来访者的能力或意愿时是有效的。

短程治疗有何不同？

短程治疗和单次的面谈咨询要求我们一直关注于焦点，而在长程治疗中我们可以自由地寻求多重途径。短程工作中的关键是对症状和动力学主题保持一致的双重焦点。我们最初对症状进行工作，然后探索可能凸显症状意义的动力学主题，使用询问、澄清和解释在两个区域之间游移。我们在短程治疗中不能尝试太多，所以我们并不预期能得到来访者或家庭的客体关系的全貌，也不预期能达到我们对长程治疗所期望得到的理解广度和深度。尽管如此，通过运用短程治疗的迫近期限来聚焦，我们创造了一个高压系统，这个系统有着强大的调整力来推动人格改变。短程治疗过程中取得的小改变可以在结束后继续引起更大的改变，事实上也有可能会产生足够的动力来驱使来访者回到更长期的治疗或连续的短程治疗中。

你在短程治疗中如何使用移情？

在短程治疗中，我们没有足够的时间将移情收集入长程治疗提供的吸收盆。尽管如此，移情和反移情的表现仍然是存在的。我们在短程治疗中使用它们来追踪治疗的进程，监测来访者对安全的感受，评估工作的能力。如果负性移情产生干扰，我们将之与出现的症状相联系，这样既可以处理对治疗的阻抗，也能解释潜在焦虑。不过，如果移情是正性的，工作进行顺利，我们会保持自己的移情性理解。

你能举例说明显示出症状和动力学双重焦点的短程个体治疗吗？

拉兹是一位 30 岁的男士，他本来是一个公民权利非营利机构的初级主管，但是他被解雇了。他向我寻求治疗，因为他担心失去这份工作的原因可能会一直妨碍他在事业上取得成就。他和妻子将因为妻子的新工作搬到另一个城市，这样他只能保证 12 周的治疗。

在第一次面谈中，拉兹概述了他被解雇的经过。他说机构的主任是一位女性，有一次拉兹允许他的一个职员因为家庭问题而多休了假，她强烈而固执地反对这件事。他感到她的看法有失公允，于是爆发了一通脾气，之后立即被解雇了。我了解到他对她的感受中有一个很复杂的因素，女主任和拉兹所在部门的行政主管有不当性关系，而行政主管已经结婚了，还因此忽略了对自己家庭的责任。

在接下来的几次面谈中，拉兹向我诉说了他的家庭生活。他的母亲在他8个月大的时候就死了。不久，父亲带着还是婴儿的拉兹和他的哥哥姐姐离开了印度，去美国做了一名大学教授。孩子们在美国逐渐长大，到了青少年时期变得很叛逆，父亲把他们赶出了家门。多年来，拉兹和姐姐一直生活在寄养的家庭里。父亲和一个印度女人结了婚。她只比拉兹大5岁，很漂亮。

我告诉拉兹，他对他老板表现出的不公正的愤怒形成于父亲对待他的方式，而他对于机构主任和他的行政主管之间的关系的异样感激起了他对父亲和年轻的新婚妻子的愤怒。拉兹承认这种相关性的影响，并说他现在很担心在自己的生活中会继续遇到相似的情况，而他则可能无法控制愤怒的表达而又遭解雇。

在下一次面谈中，拉兹说他现在觉得他必须告诉我一件从未告诉过任何人的事。16岁的时候，他认识的一个女孩的家庭同意收留他。他很喜欢那个家庭，他们也都爱他。他开始在晚上偷偷溜进女孩的房间抚摸她。被发现以后，他们要求他离开。他对此感到非常羞愧，而且感到他们永远也不会原谅自己。不过，他们仍然保持了联系，去年还邀请他参加了女孩的婚礼。

当我询问关于这个家庭的更多信息时，拉兹告诉我收养他的父母之间的关系不是很好，他离开之后不久他们就离婚了。现在他感到内疚，觉得给他们以及他们的孩子都造成了伤害。我告诉他，他的羞愧和内疚在他告诉我这个秘密时的勉强中传达了出来，它们已经在他的潜意识罪责中得到了表达，他觉得他要为他们的离婚负责。背负着寄养家庭的包袱，他为此感到内疚，也为自己想要破坏父亲的新家庭的想法感到内疚。他尝试过弥补他因对寄养家庭的那个女孩所产生的性欲望而给她造成的伤害。

175　客体关系入门

拉兹因为女主任忽视员工的家庭需要和威胁到主管家庭的稳定而暴怒，这是来自于他感到的内疚，即他毁掉了父亲家庭中他自己的位置，然后又破坏了他所爱的收养他的家庭。随后的面谈要来探索焦虑症状和动力学焦点之间关系的衍生，也可以探索他对新职业打算的焦虑，并有一个简短的结束期。他的母亲在他8个月大时的死亡造成了一种丧失和敏感性，并为暴怒的发展、导致家庭丧失的内疚和自我挫败的创造了条件。这些需要用长程治疗才能进行足够的解释。我使用短程治疗的形式来向拉兹显示什么是可能的，并指导他在新住地寻求更全面的长程治疗。

你能举例说明短程家庭治疗吗？

史密斯一家因要求进行危机干预而来，父亲在食用贝类后差点死于过敏性休克。在这个创伤性事件之后，六岁的儿子马克整天缠着父亲，做噩梦，不能控制地大哭，而且也上不了学了。马克看到过父亲剧烈地喘气，而母亲绝望地到处找肾上腺素，发疯似的打电话求助，他由此受到了惊吓。马克必须独自一人跑到半公里之外去接急救队，然后把他们带到树林中的家里。

在和家庭进行的四次面谈中，我们回顾了创伤性事件的所有细节。随着他们叙述中的争论，父母的冲突也越发明显，而且冲突在创伤前就已经存在了。在我的鼓励下，他们承认了他们相处中存在问题。马克谈到他非常担心父母会离婚然后抛弃他。父母也各自承认自己很害怕对方会在绝望中离开。当这些恐惧呈现出来之后，马克的噩梦停止了，他也不再缠着父亲。他重新回到学校，而且做得很好。在这个短程的家庭治疗中，儿童所呈现的症状和父亲挣扎于死亡线的一次冲击有关，也和这个问题婚姻积累的压力有关。这次干预使家长接受了他们对问题所应承担的责任，并让孩子分享了他对这些问题的恐惧，这足以让孩子从家庭的投射性认同系统的控制中解脱，继而正常地成长。如果父母决定改善他们之间的关系，则需要继续做夫妻治疗。

> **笔记**
>
> 如果治疗师利用迫近期限的影响，并同时聚焦症状和潜在的动力学，短程治疗也可以是有效的。
>
> 短程治疗（Stadter 1996，J. Scharff 和 D. Scharff 1998）

第十九章　技术和理论回顾以及临床应用

你能通过一个家庭治疗的临床案例，尤其以反移情和解释为焦点，来回顾理论和技术的原则吗？

（这个临床实例摘自《客体关系家庭治疗》一书，本书的第二十一章也有所涉及。）

在对他们进行治疗近两年后，我对詹森一家的反移情已经适应得很好了。詹森先生和夫人起初来看我是因为当时 9 岁的汤姆，他闯入了一家电器商店，毁坏了很多设备。他们解释虽然他基本上是一个好孩子，但是他在学校总是被嘲弄。他们顺带补充道，他们真正最烦恼的是汤姆总是和两个哥哥打架，威胁他们，即使他比他们还小两岁。

我立即感到了他们陈述当中的矛盾。像很多父母一样，他们两者都要：在他们的幻想中，他们的孩子是一个好孩子，其实没犯什么错。但是现实中，他又是个问题男孩，需要矫正。于是他们想要我来矫正这个孩子，同时他们也不必面对这个孩子需要矫正的事实。

随着我对情景的评估，我注意到了问题所在。其中一部分在父母之间。詹森先生的控制性较强。他的妻子曾经进行过一段时间的心理治疗，面对家庭问题的时候显得更加开放；而詹森先生则在为汤姆的攻击性感到骄傲和几近绝望之间游移不定。他的脆弱让我感到对他很容易说错话，而我也很快感到这个人如此易受伤害，以至于他会从情景中退缩。

尽管夫妻间的差异使婚姻的问题更加严重，但他们基本上没有告诉我这方面的内容。在一次个体治疗中她告诉我他们之间的性障碍。他们经常打架，通常都是因为汤姆，有时也为其他的孩子。但是她很快肯定她丈夫对此非常敏感，她觉得他们不能处理婚姻中的冲突，至少暂时不能。

在开始的时候，我对他们的拘束有真实的反移情，它阻碍我按照意愿的方式来工作，说出我认为应该要说的话。

很多普通治疗师都会有这样的感受，虽然这些感受的形成可以被理解为处理难以相处或有控制欲的人时合理的常规反应，但我们的经验告诉我们将它们考虑为显著标记会更有帮助，可以用以绘制治疗师的路径同时为自己指向并开始吸收家庭的问题。通过在情感上对这样的冲突进行绘制，我们吸收了家庭的内在体验。

我理解家庭在信任方面的困难，而詹森先生的控制行为代表了共同的家庭问题：父母不能满足汤姆所有的需要来令人满意地做好功课，他们担心我也不能。詹森先生有一个期望或移情，他觉得任何权威人士都可能给他和他的家庭造成伤害，而这也是他试图控制那种可能性的原因。但是他并不是唯一有这样感觉的人。当詹森夫人表达了更开放的态度时，她并不十分确信，她自己也有些忧虑，如果我过于直接地追问她丈夫，他可能会反抗，而且拒绝给予汤姆和家庭帮助，而她认为他们需要这些帮助。总的来说，他们有一个共同的感觉——大多数外人都会伤害他们，而且如果有人可能会有帮助，那就大有问题。他们小心翼翼地保卫着自己的恐惧，害怕做错了什么，而又唯恐暴露了他们的恐惧，即害怕伤害了某些他们所爱的人。

在我得到这一信息的过程中，我的内心充满了他们对我的怀疑，让我感到自己的无能，他们所透露的对我来说不仅是警告。他们分享了焦虑的烦恼，这样我也和他们一样，变得充满了这种感受，觉得对他们进行工作的世界是暂时的地方，如果不在地面上行走就难以知道走向何处。我感到我也开始从家庭内部来了解他们过着什么样的生活。

詹森家庭的案例显示了反移情如何成为通过暂时分享家庭的真实性来深入理解家庭的工具。在与家庭共同工作的过程中，治疗师自己的内在世界的一部分在内心共鸣中被激发，这种共鸣阐释了家庭与治疗师进行斗争的意义。这一过程起始于一开始，从家庭进入治疗师的办公室的方式中。这种相互影响是每次面谈的一部分。我们对家庭进行工作的方式是建立在这样的体验上，即如果我们希望通过理解我们与他们的内在冲突的意义而参与到家庭中，那我们将能够深入地理解他们。然后，我们可以提供某种程度的理解，这种理解有能力改变家庭和家庭成员彼此之间的关系。

在起初的家庭面谈中，汤姆向他的两个哥哥发脾气了，之后跑出房间跑进车里。詹森先生和夫人没能够说服他回来。当我在下个星期见到他们时，詹森先生不准汤姆的哥哥来参加家庭治疗。他说："我们的一个儿子已经自甘堕落了，我们不能让他把好孩子也带坏了。"

汤姆不是家中唯一执拗的人。詹森先生也不同意他参加家庭面谈。他坚持让汤姆做个体治疗，也同意和妻子米参加每月一次的父母指导性面谈，只要我们把焦点放在汤姆上。詹森先生说："我想要你知道，这不是针对我们的治疗！"

父母只能同意这样的协议，于是我接受了，同时也希望事情能够进展得很顺利，以让他们更加信任我，最后能够把工作扩展开来，把家庭治疗和夫妻治疗包含进去。大约6个月过后，汤姆在家里和在学校的行为都有所改善。"一次试验性的家庭面谈"没有遭到强烈的反对，詹森先生同意在家庭治疗中把所有的孩子都带来。

至今我的反移情已经被这个家庭的工作侵蚀了。我过去已习惯于这对夫妻的敏感性，他们都害怕我可能质疑他们的养育方式而伤害他们中的任何一个。我更加敏感地恐惧成为他们共有的受害者——这种恐惧在外表现为汤姆在学校受到嘲弄。当我在面谈中感到被他们威胁，我开始明白我离他们的恐惧已经不远了，他们恐惧我可能会威胁他们，这源自家庭中的每一个成员都可能威胁他人的恐惧。

现在事情有了一些好转，汤姆不再是婚姻问题的替罪羊。我们得以讨论他愿意承担他父母的婚姻和家庭压力的倾向，以及通过违法的行为让自己成为关注的客体以解决他们的问题这种自体毁灭性的尝试。我们发现，他闯入电器商店的正当时，他的母亲患了重病，而父母的婚姻也处在危机中。关于收回他们的投射性和内射性认同，家庭学会了很多。

在我们将一些概念应用于理解这个家庭之前，对它们进行一个简要的回顾是有帮助的。术语"投射性认同"由梅兰妮·克莱茵提出，表示潜意识的这一过程，即将自体的某些部分投射到自体之外和其他人身上，与他人交往就好像他们以自体的那些部分为特征。投射出来的部分可能是自体或客体中被憎恨的部分——有一种坏或弱小的感觉——或是被深藏的部分，在自体内部甚至威胁到生存。"内射性认同"是与"投射性认同"互补的过程，在这个过程中一个人吸收他人的投射来解决内在的问题，然后在对那些部分的认同中行动。

克莱茵关于投射性和内射性认同的概念与罗纳德·费尔贝恩的理论结合在一起将能更有效用。费尔贝恩认为促进一生中心理的成长和发育的是人类对关系的基本需要。他认为婴儿和儿童通过吸收与父母之间的关系体验来组织自己的心理结构,以内在客体的形式构成心理结构的基本元素。

"内在客体"实际上是一个技术名词。它不是说人际关系应被机械地理解。"客体"一词源自弗洛伊德的使用,他认为在核心的关系中,一个人是另一个人的性和攻击驱力的"客体"。比"内在客体关系"更好的名词也许是"内化的人际关系",但是我们一直坚持使用"客体"一词,因为它继承了由克莱茵和费尔贝恩所开创的临床理论的重要传统。

这些内在客体和自体的某些部分联系非常紧密,自体的某部分和内在客体之间的关系形成了内在客体关系的结构。在投射性认同中,这些内在的、潜意识的关系中不能忍受的、痛苦的部分被分裂出来,置于自体之外和另一个人身上。这个过程被完成之后,另一个人必然会被它们部分地占据而不甚了解。就是说,另一个人也必然存在与之互补的内射性认同,以完成投射性认同中相互影响的部分。通过这种方式,投射性和内射性认同成为潜意识交流的媒介。在所有的亲密关系中,投射性认同都是一个相互的过程,它是潜意识理解和共情的常态基础。当它被歪曲,就会成为共同的潜意识的错误理解和潜意识串通的病理基础。

在詹森家庭中,詹森先生将弱的潜意识感受投射给了妻子和汤姆,而詹森夫人则将强大甚至顽固投射给了丈夫,并与在丈夫身上发现的她的部分继续存在下去。汤姆把他内在的好和强大投射给其他人,通过内射性认同为家庭吸收坏和弱小,潜意识中希望让其他家庭成员在此过程中情况更好。

我收集了他们的这种感受和进步。每周一次的家庭治疗开始后，汤姆和他的父母来我的诊室已经约一年了。两个哥哥一直定期参加。兄弟间总是争吵。治疗扩展了三个男孩对很多家庭主题的认识。上一次面谈之后，两个哥哥在外野营了1个月。在报告的下一部分，我将详细描述自己的反应，以阐述他们的进步，以及我在一次面谈中对反移情的使用。

汤姆坐在一个红色的转椅上，面谈中的大部分时间他都在旋转，詹森先生很恼怒。詹森夫人说这一周他们都没以任何方式争吵了，与上一周正相反，上一周他们来治疗的路上还在争吵。汤姆在面谈中这样做是用来反对父亲。詹森先生说他们所有人，甚至汤姆，都很想念哥哥。

"我当然想念了。"汤姆说，"他们是我的哥哥。"

"但是你们以前总是打架！"詹森夫人说。

"嗯，但是我们相互友爱。兄弟之间就是这样的。"汤姆说，"但是我也喜欢有自己的空间。"

到目前为止，我感到这是一个很有趣的情节，我注意到汤姆确实更喜爱他的哥哥了，一年前他可不会这样承认。我有一种反移情的不安感——关于父母以他的进步来炫耀的方式，但是我也有点感激，仿佛这是我对他们的帮助的嘉奖。我想：他们在炫耀，就好像给我一张汤姆进步的报告单。

我的想法一会儿就被证实了，詹森先生说他们收到了汤姆在学校的成绩单。他说的时候，汤姆开始装傻，向空中吹气，发出噪声，转椅子。父母对此都很生气，让他停下来，但是他一会儿都不消停。在家里类似的一些事情也让他们很生气。

最后，詹森先生说："汤姆，如果你不停下来，冰激凌就没有了。"

"这是威胁！"汤姆喊道。

"是的。"父亲说，"我是认真的。"

汤姆仍然没有停下来，而且还开始噘嘴。他在挑衅他的父亲，父亲又说了一遍。

"汤姆，我是认真的，冰激凌没有了！"

詹森先生说话的方式让我感到这是他们之间的玩笑，汤姆会及时地让步，这样他仍然可以得到冰激凌。但随后我为詹森先生感到悲哀，因为汤姆没有停止，同时，我也对他生气，因为他把汤姆看得太重了。我混淆了汤姆功课进步和成长的报告，感觉也很矛盾。詹森先生炫耀汤姆能力的提高看上去似乎是在表达对哥哥们的爱。为什么他一定要触及汤姆在学校的痛处？我认为即使汤姆在学校表现好了也一定会有一些让他感到尴尬的部分。

虽然当时我没有想到这一点，但是之后我意识到詹森先生所做的正是炫耀和卖弄，而这可能让汤姆在学校遇到麻烦。汤姆在装傻，很可能他也希望以此来炫耀自己的才华。他进步了，现在他知道怎样做得更好了，但是他正被父亲激怒。

就在这个时候，我不确信正在发生什么，对詹森先生和汤姆都有一种莫可名状的反感。我的反感一部分是因为汤姆的装傻，似乎不是由他的不舒适所引起的。我的所有感受就是他在炫耀。我也反感詹森先生总是使用威胁，而不是形成有效的限制环境。现在我回忆起有几次我也对他感到生气，那时詹森先生强迫汤姆对那些嘲弄他的孩子回以拳头。我可以确信这不是好的解决方式，但是詹森先生和汤姆展现他被作弄的情景时的方式，使我不再能说出我的想法。我知道，我在潜伏期和同龄人的关系，以及早期青少年阶段的经历让我对这一领域有些敏感，这意味着每次我都必须想出解决办法，而不是依赖于我在其他领域可能会依赖的内在感受。所以治疗结束的时候我有一些困惑，但我毕竟得去做这些。

对于治疗师来说，这是一个有潜在价值的时机。治疗师发现家庭某一刻的情感强度同时也体验到一些困惑，这表示他正在接触面谈中活跃的客体关系。不是治疗师不常感觉到不确定，或者需要等一会儿才能知道如何解决，而是这次困惑不同以往：这代表治疗师迷失了他内心中的路线。这样的一些时刻尤其有价值，我们强烈要求初级治疗师学会忍受困惑。这种不甚了解的能力可以概括为"消极能力"这一名词，来自诗人约翰·基德的诗歌（我们在第十五章已经说过）。在他的一封信中，基德描述了莎士比亚的诗的品质，让意义从体验中自然浮现，而不需要在华丽的体验之花盛开之前以不理智的速度把想法强加给体验。这种对"不知道"和困惑的忍受使得意义从治疗师的内心中自然浮现，为冲突增加了华丽的维度，从而只能从内心得到新的发现。此类型的反移情体验阐明了治疗面谈中的核心情感体验，并引导我们进行更深层次的理解。

在面谈中，我只是知道我的不舒服是一个时间检验的标志，来访者也有冲突和困惑，现在正是时候通过探索他们的困惑来进行干预。我注意到詹森夫人对此事无动于衷，任其发展，就像她经常做的那样。那一刻我想到了她会把事情留给詹森先生，然后她确实这样做的时候我便有些自得。

在我想到这些的时候，詹森先生继续和我说报告单上的成绩，汤姆在学期开始的时候并不稳定，而现在已经很出色了。在面谈放松下来之后，我感到自己已经准备好在时机过去之前利用我在治疗中的不舒服来给予帮助。

我打断了詹森先生，希望帮助家庭维持在威胁和问题行为的主题上。我想要扩展他们的观察能力，帮助他们纳入对导向这一时刻的过往体验史的理解。我以一个问题开始，这个问题可能会将治疗中的事件和汤姆的其他问题联系起来。我说："爸爸和汤姆之间在这里发生的交流与汤姆在学校受到嘲弄有什么相似吗？汤姆确实不想让爸爸或妈妈讨论某些事情，但是你们可能在面谈中一起重新创造了出来。"

詹森先生通过我的问题摆脱了束缚，因为他在攻击汤姆的反对时被打断了。同时，我可以看出在这个过程中我使他困惑了，我不舒服的感受让我没有像他希望的那样平和地进行干预。然而，詹森先生没能完全摆脱束缚而作出反应，所以我们通过了这一时刻。

他说："我'威胁'他，因为我不知道我还能做什么。你能怎么阻止他？"他问。"但是我可以看出这和学校可能有关。"他停顿了一下，低下头。然后他再次看着汤姆，说："汤姆，你知道吗，当我还是一个孩子的时候，我也打过很多架，而且我也总是输！"他这样说的时候，詹森先生的语调放松了，他似乎不再与汤姆正面冲突，而是抱着慈爱的、父亲般的态度。

我几乎不能相信詹森先生分享的语调。这是自发的，也是真诚的，他以新的方式展现自己。我感到放松了，寄希望于新的开放可能标志着有所突破。

汤姆说："不！我不知道这些，你告诉过我吗？"然后他停止玩牌，直接地看着他的父亲——在不再转动椅子之后，他就一直在玩牌。

我对詹森先生的感觉改变了。这一刻我认识到，我又一次更多地在回顾中而不是在面谈当即有意识地去理解。詹森先生从治疗一开始就让我感到了威胁，当他以放肆的态度说治疗可能"带坏他的好儿子"，并把它作为阵地来避免调查或共享汤姆的问题中他自己的部分。虽然在某种程度上我很同情詹森夫人对丈夫威胁的容忍，但是我和她一样不强制詹森先生付出，意味着我也间接地被威胁了。但是被调查这一情节——几乎没有证据显示他共享的意愿——突然让我感觉到我比以前更欣赏詹森先生。因为我知道让他放下自己的防御有多么困难，所以我尊重他重新找到的勇气。

客体关系家庭治疗的基本技术之一是让家庭共享旧的体验，那些与当前的问题或僵局相似的体验。这些时刻所提供的比历史更多。它们实际上描述了旧的关系决定当前历史的方式，因为它们活跃地存在于个体家庭成员的内心，对当前的关系也有重要的影响。我们打算在接下来的几个时刻向詹森先生询问一些旧体验，但是詹森先生的反应更快——这是一个好的现象，说明家庭和治疗师在一起工作得很好。

受到我的内在体验的引导，我要求詹森先生再多说一些。这一次他详细地进行了描述，稍有点羞怯，但出于自愿：

"我很爱运动，这对我有帮助。但当比我大的孩子经过，我总会被捉弄，我打不过他们。我和汤姆的情况还不太一样，我不是和我年纪相仿的孩子打架，但是我也打赢过——时常。"

我有些生气，我似乎理解了他为什么会经常被欺负——我设想他一定是挑衅性的。当他简短地描述年长的孩子怎么欺负他的时候，我脑海中闪过了一个简单的画面，我看到他嘲弄一些年长的孩子，他们合伙起来对付他。在这个幻想中，我部分地认同了他，也部分地认同了那些年长的男孩，还部分地看到了我童年时代的自体。我有些同情他，也同情攻击他的人。

正当我考虑这些事情的时候，詹森夫人说："我想知道你是不是做了什么事情激怒了他们？"

我跟着她说，我一直在想詹森先生似乎也常常希望汤姆能够用打架来解决他受到的欺负。我们一起思考汤姆是如何激怒了其他的孩子，我不知道这是否与他鼓励汤姆去制造麻烦相符合，即使他也为此担心。

詹森夫人笑了笑，说："啊，我丈夫可能是挑衅的。至少他挑衅我。"

面谈的这一时刻又出现了另一个重要的方向，对治疗任务至关重要。詹森夫人已经率先开始将整个情景和面谈进行到现在的工作与他们的婚姻联系起来。理解投射性认同之间的连接非常重要，比如詹森先生对汤姆的投射性认同，但最为重要的是与婚姻中任何相似动力的连接。

在家庭的客体关系途径中，家庭的动力大体上被理解为建立在物质关系的基础上。父母之间相互的投射性认同为家庭的整体模式奠定了基调。当我们在治疗中建立起了家长—孩子客体关系和父母关系的连接，我们对家庭的理解将会显著加深。在这一点上，家庭将不仅愿意尝试这一工作，而且会开启它——治疗进展的象征。治疗师和家庭之间的工作联盟越坚固，家庭就会越快准备好结束。

"你能举个他怎么挑衅你的例子吗？"我问。

詹森夫人想了一会儿，说："有一次他本该接我，但是我们却没有这种默契。"

詹森先生补充了这个故事：他的妻子在不得不步行回家之后显得非常生气，因为他没有去接她，而她又没有带钱。他知道当她走进家门的时候非常愤怒。

"是的。"她说，"但是你甚至没有说你很抱歉让我得走回家。你指责我笨得连路口都分不清，你说这是我活该。我知道我一开始太生气了，但这不是现在的重点。你利用它来激怒我。"她笑了，颇有深情地让他知道自己没有攻击他的意思，然后她结束道："你知道的，亲爱的！"

"确实如此。"他说，"我是对她做了这些，而且我似乎还很喜欢这样。我不应该，但我确实做了。"

我注意到他们自己已经完成了这一部分工作。我想对他们表示敬意。我意识到我为他们他们能够一同来处理这件事情感到骄傲。

在获得了家庭中存在挑衅的事实之后，我觉得我们可以尝试将它和汤姆进行连接。于是我转向他，问他是否知道父亲生活当中的这个部分。

"嗯，我知道他会欺负妈妈和我。"他说，"但是我从来不知道他曾经和年长的孩子打架。那是一个多么有趣的爸爸！"

我现在从情感上感到自己被包含进这个家庭，这个家庭的成员没有相互威胁，却挑衅地将我排除在小组之外。我感到我们在以一种新的方式一起工作，这样我可以尝试做出一个新的解释，虽然在此刻可能遇到通常的家庭潜意识的阻抗。

我说："我不知道，詹森先生，你是否认为你想要让汤姆为你承担一些痛楚，替代性地战胜那些曾经打你的孩子？"

"我从来没有想过。"他说，"也许是这样。"

因为我的理解和他的威胁依旧，也因为妻子的支持，詹森先生能够接受这一解释。詹森夫人现在搂着他的肩膀。她没有因为经常感到被詹森先生欺负和威胁而恼怒。我认为这是他们在这次面谈中的获益，将来我们也许能够讨论在家庭中感到被欺负的感觉，就像最初的形式，汤姆在学校被同学欺负。

于是我说:"两个主题——在家和在学校感到被欺负——联系了起来。"说话的时候我很确信,这种确信源自我对自己在治疗中对被欺负的感受的理解,我接着说:"理解在家里被欺负的感受应该有助于解释学校发生的情况。"

这让汤姆很感兴趣!到门口的时候他异常高兴地说:"再见!"

解释有怎样的作用?

解释,不论是由治疗师说出还是由家庭成员说出,都是加深理解的共同结构中的元件。这不是一个高瞻远瞩的看法,而是一个共享的事物,它将要被检验、被修改、慢慢被接受或因为支持其他方式的理解而被否认。在这个意义上,解释不是一个终产物,也不是本身就很重要,而是形成共同理解的催化剂。客体关系理论认为理解在个体的发展中非常重要。母婴、情侣、配偶和家庭致力于理解彼此的需要。关系不仅是相处或生存在一起,也是通过相互的理解来帮助情感成长。相似地,在客体关系治疗中,我们促进理解。

如何使用反移情?

客体关系治疗中,反移情被用来加强和指导治疗师的理解,使他们获知干预。治疗师通过参与个体、夫妻或家庭的体验来工作,并允许它进入到内心当中。然后,通过一同工作,体验可以被分享和理解。反移情代表了治疗师对体验的分享——那些与治疗师的内在生活发生共鸣的体验。当治疗师理解了反移情的意义时,他们将理解反馈给来访者、夫妻或家庭。在最简单的水平上,这种反馈包括建立连接和澄清治疗师所理解的内容。在最高级的水平上,基于反移情以解释的形式给予反馈。反移情是治疗师工作的材料。它是治疗师的向导，治疗师用以连接个人或家庭，帮助其恢复情感的弹性和成长。沿着这种方法，它也给治疗师提供了很多成长的机会。

笔记

长期的联合个体治疗、儿童和家庭治疗中的临床病例，本章阐述和回顾了我们描述过的概念。在治疗中，我们要学会在稍有不同的基础上运用相同的模式。

投射性和内射性认同，客体关系（Klein 1946）

客体的内射（Freud 1921）

内在客体关系、客体关系和客体关系治疗（Fairbairn 1952，1963）

基德的术语"消极能力"（Murray 1955）

核心情感交换（D. Scharff 和 J. Scharff 1987）

婚姻中相互的投射性认同（Zinner 1976）

解释（Strachey 1934，Stewart 1990）

反 移 情（Freud 1910a，Racker 1968，D. Scharff 和 J. Scharff 1987、1991，D.Scharff 1992，J.Scharff 1992）

第二十章 修通和结束

修通是如何发生的？

"修通"是弗洛伊德的术语，用来指对持续存在和不断强化的阻抗的连续分析，同时将被压抑的各层次剥除。在客体关系的术语中，我们认为修通是持续的澄清和对投射性认同模式的分辨。在渐进发育的更高层次，投射性认同反复被体验。有时当这一模式再次发生，我们可能不免出现"我们重新来一遍"的感觉。有时，我们可能会感到无望，来访者总是毫无获益也没有好转。然而，我们注意到来访者在连续体的偏执—分裂样位态一端工作的时间变短了。来访者可以通过他们与治疗师的联系来识别自己的投射性认同。运用从成熟的治疗师的体验中内化而来的理解和容纳功能，他们能够为自己的投射性认同进行代谢和解毒。有时这一阶段的工作显得单调乏味，特别是对于喜欢发现和疏泄的治疗师来说。但是当来访者学习如何保持良好的自体功能时，治疗师努力地学习袖手旁观是必要的。厌烦是我们对发现自己将要变得多余的防御。我们必须像一个好家长，从认识来访者的进步、独立和自主性中去寻找自己的乐趣。

结束是如何发生的？

个体、夫妻或家庭在已经回到了个体或家庭生活的适当发展阶段之后就可以准备结束治疗了。结束的准备就绪可以从表20.1所列的能力的改善中看出来。

表20.1　结束的准备就绪在能力的改善中的显现

掌控发育的应激

协同地工作

拥有喜爱的客体关系

融合爱与恨，忍受矛盾

精准地感受他人

对他人产生共情和关注

区分和满足个体的需要

我们要有更高的目标。我们对症状一得到解决就结束兴趣索然，只有解决达到结束的标准时我们才会结束。特别是在技术层面上，我们寻找符合结束标准的征兆，见表20.2。

表20.2　结束的标准

治疗空间被内化，适度安全的抱持能力已经形成

潜意识的投射性认同被识别、拥有和收回

与家庭成员和生活伴侣一起工作的能力得到恢复

满足并满意当前的亲密关系和性关系

个人对自体提供好的抱持，夫妻或家庭为个体、夫妻和家庭提供必要的抱持环境

对治疗关系的丧失感到难过的能力足以支持令人满意的结束，并让个体、夫妻和家庭准备好应对将来成长中的丧失，并憧憬治疗之后的未来

你能举例说明在个体治疗中修通之后对结束的准备就绪状态吗？

易普斯坦夫人（第十五章也有提及）在和我的分析当中已经处于延长的修通阶段。她已经对她之于我的投射性认同进行了工作，其中我完美无缺，而她一无是处。她已经发现她对我的羡慕（最初是羡慕母亲以及母亲与丈夫之间令人兴奋的关系）如何让她感到自己毫无价值。她幻想的解决方法是只有她能永远和我在一起，或者取得我拥有的一切，或成为我，她才会对自己有好的感觉。我们以不同的形式反复地经历这个幻想，直到她能够在合作关系中与我平等地建立联系。以前她不能享受所有，而现在她可以进入自己的生活，充分地给予和接受爱。以前她无法找到工作，而今她的收入非常可观。很显然她的治疗已经接近结束了。

但是在易普斯坦夫人才 12 岁的时候，母亲因为一次车祸而突然丧生，那时她刚出现月经初潮。她开始相信自己的成长和自主性杀死了自己依赖的人。因为分离对她来说就意味着死亡，结束显得很可怕，她需要最终的一次修通。在她最近的暑期休假中，她体验到非常可怕的死亡和空虚感——这预示着最后她和治疗师的分离——易普斯坦夫人变得非常害怕结束，唯恐以后感到那样的死亡和空虚。她明白这是她的幻想，这基于她早年的丧失，也明白不像那一次，我和她在结束之后仍然可以很好地生活。一个极好的梦使她确信能良好地离别，她在两周之内就恢复了之前的功能水平。

虽然暂时地出现了一些退行，但总的来说，易普斯坦夫人一直独立、果断和有竞争力，对我有爱心。她说她感到了新的能量、空间和自信，有足够的爱去给予他人。她谈到美好时光和悲惨时光在她的心灵中清晰地得到了平衡。她说，她认为她已经找回了过去的经历，修复了它，将过去和现在融合在一起用于将来。当我因为生病而缺席一天的时候，她不再忧虑。她也不再因为某个来访者为其面谈来得太早而取代了她的位置而生气。她的自我分析的能力、整合经验的能力和从挫折中恢复的能力已经稳定地存在了。她对治疗能力的体验已经完全内化。她不再需要我，最后她甚至感到要给我点什么。易普斯坦夫人已经准备好结束。在她离开的时候，她说："就像我刚种下了一颗球茎，里面有我们所有在一起的工作。它是真实的。我不需要看到它才能知道它在那里。它不只是我的，也是你的。但是那些花将是我的。"

易普斯坦夫人出乎意料地将她的分析坚持到了最后。不是所有的来访者都有这样的决心和毅力，或者对自己的成长有着这样宏大的目标。我们要确定我们拥护来访者或来访者的结束标准，而不要想当然。虽然我们拥有自己关于结束的准备就绪状态的观点，但我们不希望以我们自己对治疗的追求来定义来访者的目标。

笔记

当消除压抑后，对抗冲突出现的阻抗就需要进一步被修通。当冲突按照潜意识的交流模式得到了足够的表达、体验和理解，我们可以说修通已经完成了。这一发展会推进到结束阶段。

修通（Freud 1914, D. Scharff 和 J. Scharff 1987）

结束（D. Scharff 和 J. Scharff 1987）

第三部分

运用和整合

# 第二十一章
个体治疗与夫妻、家庭、团体、性治疗的整合

如何整合不同模型？

运用客体关系理论来整合个体治疗与夫妻、家庭、团体、性治疗，这很容易。它们共享同一理论模式，在这一理论中团体是潜意识沟通状态下的个体的独一无二的联合体，个人的自体包括并涉及一组内在客体，这些内在的客体呈现了个人对原生家庭的体验。个人将自体的一部分或是客体投射给其他重要他人——配偶、治疗师和家庭成员。这种情况会发生在治疗中、长期的友谊中、婚姻与性关系以及连续发展的阶段中。投射性认同可能形成一个牢固的循环或是开辟一种新的重塑方法。

费尔贝恩认为个体人格是彼此动态联系中的内在客体关系系统。亨利·迪克(Henry Dick)的观点最具影响，他指出当两个不同性格的人结婚时，他们之间会形成一个联盟，在这个联盟中彼此可能投射自己不想要的或濒危的内在客体关系给对方，从而导致相互投射性认同的

状态。婚姻的相互投射性认同系统加强了每个配偶的自体，建立了一个可识别的婚姻共同人格，并支持夫妻关系。然而，如果夫妻完全依赖于性格联合来使他们成为一体，那么投射性认同系统就会削弱他们独立的自体，并阻断其成长。

比昂将克莱茵理论运用于团体治疗中。他指出投射性认同发生在团体成员和领导者，以及成员彼此之间，这些投射性认同创造出一系列不被承认的亚团体。这些亚团体聚集到一起来表达某些无意识假设，比如关于团体应该做什么、应该怎样感受和体验。个体依据这些基本假设聚集到一起，因为他们个体的效价会这样做。类似地，我们发现，在婚姻当中选择配偶是因为一方的效价接受了对方的某种投射性认同。罗杰·费舍尔和约翰·金纳首次将投射性认同运用到家庭治疗中。他们指出，青少年被认为具有父母不想要的或是盼望已久的部分，家庭为了隔离这部分，而将青少年视为症性或是病态性的，但同时家庭又照料这一部分。费舍尔和金纳也描述了共享的潜意识家庭假设，即不被承认但又得到成员被动地认同的观点，它们组织家庭并保护其成员免于害怕家庭破裂或毁灭的焦虑。金纳将这一相互投射性认同的概念运用到他研究的家庭中的父母身上。

我们将客体关系理论运用到夫妻、家庭治疗以及性治疗中。夫妻、家庭治疗的客体关系是一种源于精神分析原则的方法，在表21.1中我们列出了夫妻、家庭治疗的精神分析原则。

表21.1 夫妻、家庭治疗中的精神分析原则

倾听
对潜意识材料的反应
发展内省
后续影响

分析梦和幻想

解释

分析指向理解和成长的移情与反移情

治疗关系为这些模式的暴露提供了足够类似的一个环境，但同时这个环境又有着足够的不同来发展认同与重塑。因为治疗师具有抱持的能力，有能力去分享夫妻的体验，容忍复杂的焦虑，并提供一个理解的空间。

性治疗中如何运用客体关系？

在性的行为治疗中，夫妻双方私下共同参与，完成一系列的练习。这些练习逐级从非生殖器快感到完全生殖器刺激，从低唤起到高唤起，为阴茎的持续勃起做准备，最终完成性生活。夫妻双方在随后的治疗谈话中讨论这些体验。客体关系治疗师会在治疗中加入的点是，深入关注性生活困难的源头，这一源头被视为来自夫妻双方内在客体的潜意识交流。例如，一位享受与丈夫的性生活、乳房健康的女性，却憎恨丈夫触摸其乳房。她将这种情绪性的痛苦转变成为一种生理性的症状，以此表达她对兴奋的恐惧以及希望拒绝的愿望。早期的冲突来源于她自体中的分裂，将快乐投射给生殖器，将恐惧和拒绝投射给乳房。

你能列举一个同时连续进行家庭、个体与性治疗的个案吗？

拉尔斯和维利亚·辛普森（在《客体关系夫妻治疗》中有较为详细的描述）在青春期后期结婚。他们曾彼此爱着对方，并承诺不管他人是否支持都要在一起。他们被转介到我这儿，来做有关性生活困难的咨询。维利亚患有阴道痉挛，还有性冷淡，极为讨厌性生活。拉尔斯有早泄的问题。在一次夫妻治疗的诊断性面谈中我了解到维利亚出生于一个缺乏父母的爱护及照料的家庭，这个家庭中的孩子们依赖彼此之间的爱——有时混合着性刺激。对于童年，拉尔斯只记得，在他17岁那年父亲因为引诱他人发生同性关系而被捕，之后父母就离婚了，其他的一切都不太记得。拉尔斯和维利亚是彼此的初恋，恋爱的目的是为了逃离他们不满意的家庭。

在一次单独的诊断性家庭面谈中，他们陈述道，当他们因为性生活失败而吵架时，他们的孩子就容易不安，并会制造一些麻烦来转移他们的注意力。他们并没有在孩子面前表现出不合适的举动，而只是暗示所谓的"婚姻关系困难"，孩子们却开始为之而战斗了。通常，他们的大儿子艾里克尽力表现得很好，似乎是让母亲不要生气。中间的孩子，阿列克斯好动，非常害怕表达愤怒以至于他倾向弄脏自己的裤子。最小的珍妮特是个不怕羞、富有魅力的、有着恋母情结的孩子，她在家里大谈性兴奋，尽管成年人对此很恐惧。

父母答应了我的请求，延长了咨询的时间以便能给阿列克斯做单独的评估。心理测验显示阿列克斯患有注意力缺陷性多动症。父母接受了我的推荐，带阿列克斯到一位精神科医生那里接受药物及心理治疗。维利亚和拉尔斯不能接受性治疗的方案，但如果当时有治疗师的话，他们也会愿意尝试接受家庭治疗——当时我无法接诊，而且诊所里也没有其他家庭治疗师。在咨询期间，维利亚意识到了她潜在的抑郁，并接受了将她转诊给一个精神科医生，每星期做三次个体治疗的建议。我们选择咨询模式的依据是家庭的喜好与特殊背景下的适应能力，以及治疗师自身的能力。

阿列克斯的个体治疗

结果证明阿列克斯没有治疗动机，而且治疗对他没有什么效果。

他在学校的多动症状通过药物治疗的确有所好转，但他在家里弄脏衣服、妒忌以及搞破坏的症状却仍然存在，他还需要某些其他方式的心理治疗。我发现，同个体治疗相比，家庭治疗对他的帮助会更大。

维利亚的个体治疗

精神分析取向的心理治疗结合了抗抑郁的药物治疗以及当维利亚出现自杀行为时偶尔短暂的住院式治疗。在移情关系中，她重新找回了对自己的幻想，她幻想自己是一个性感女郎，同时她又隐藏着自己的性感以不被治疗师视为下贱。她学会了体会性感，并向他表达情感而无须他对她的渴望做出回应。在一个确定的安全环境里，她发现，她压抑得最深的是渴望一个可以信任的家长，她可以对他抱有非乱伦性质的渴望。

阿列克斯的个体治疗宣告失败，与此同时维利亚在继续她的个体治疗。不久后，我有时间了，于是和辛普森夫妇开始了家庭治疗。在一次早期的面谈中，维利亚向我和拉尔斯讲述了她对身体亲密接触的恐惧以及随之产生的愤怒。孩子们的游戏反映出了这个主题，并表现了父母关系中性生活困难的动态过程。阿列克斯修了一条长长的隧道，并称之为消防站。珍妮特驾驶一辆有着可伸展梯子的消防车穿过消防站，将消防站给毁掉了。父母注意到孩子们用消防车将消防站破坏掉的游戏，如同他们对性生活潜在毁灭性的恐惧的象征。孩子们更赞同的观点是，自己应该是开车的那个女孩，她总是搞破坏，让男孩开车会更好一些。这非常形象地评述了拉尔斯因创伤而导致的回避和退缩。几个月过去了，我们继续探讨着父母性生活困难带来的家庭衍生物。我们致力于理解他们对孩子们的投射性认同，他们将自己的有虐待倾向的父母投射到了孩子身上。但维利亚和拉尔斯还是很害怕，他们无法直面他们的性生活问题。

维利亚和拉尔斯的性治疗

6个月后，除了每星期的家庭治疗外，拉尔斯和维利亚开始和我一起进行性治疗。性治疗的约定限制了他们对性表达的充分性与完整性，维利亚体验到了巨大的痛苦和极度的兴奋。拉尔斯害怕手淫练习。在强烈地关注于生理以及被禁止的性行为期间，维利亚想起了父亲对她身体的虐待、与处于青春期的哥哥之间的性游戏，并再次体验到自己对哥哥生殖器的渴望和厌恶。不久，对自己的童年毫无记忆的拉尔斯开始有记忆了，他想起了父亲对他的性骚扰，而且他后来对自己的兄弟也做了同样的事情。他们都有理由为他们对生殖器的渴望而产生强烈的羞耻感。通过在他们对我的移情中处理他们的过去以及令人尴尬的幻想，拉尔斯和维利亚开始能够控制性欲并享受性生活的快乐了。

在我休假期间，治疗出现了倒退。这创造了一次机会来处理他们认为被我抛弃而做出的反应。症状的再次发作是在表示我伤害了他们，只是他们并没有直接表达。就像他们的父母一样，他们无法向我表达愤怒，也觉得对所发生的事情毫不在乎。拉尔斯和维利亚无法将他们这种压抑的拒绝性客体关系带入到意识层面上来。它仍然存在于无意识中，并通过攻击客体关系表达出来。这种内在的处理客体愤怒的方法削弱了他们获得性快感的能力。愤怒压制了渴望。通过更多的治疗，辛普森夫妇开始能够表达他们对我的愤怒和思念（见第十一章）。治疗前，拉尔斯和维利亚压抑了他们对亲密关系的渴望，表达了更多的愤怒而不是爱。通过将性带入到他们生活的性治疗以及维利亚的个体治疗，拉尔斯和维利亚回想起他们对坏父亲的渴望。在个体治疗中，维利亚在移情中重塑并拥有了她自己的投射性认同。性治疗使拉尔斯和维利亚能够表达自己对得到爱和照顾的渴望，他们分享着同样的移情，最初他们都将治疗师视为抛弃者，之后变成一个保护性的、非乱伦的、没有攻击性的客体。这样他们最终能将彼此视为无害的性客体而相爱与珍惜。家庭治疗也让孩子们从父母有害的投射性认同中解放出来。孩子们的行为改变了，他们不再需要分散父母的注意力，不再介入父母的冲突。亲密关系得到了修复之后，拉尔斯和维利亚能够成为孩子们可以信赖的、更加称职的父母。

因为每种形式的治疗都建立在同一理论基础上，所以在理论上和实践上个体、夫妻、性以及家庭治疗彼此都具有相容性。推荐个人做夫妻或是家庭治疗是基于方法的适合度、个人的意愿和对治疗的准备性来考虑的。一旦推荐了治疗计划，我们就会尽量执行，直到治疗陷入困境或是在治疗中获得了更多的信息促使我们重新考虑。例如，我们也许会同时推荐个体与家庭治疗，某一时期两种治疗都有效，且进展顺利，而随后可能会结束家庭治疗，继续个体治疗，或者结束个体治疗而继续家庭治疗。

如果家庭成员无法全部参加该怎么办？

假设在一次家庭治疗的面谈中，5个家庭成员中有3个没有来，来的2个是"被认定的病人"，其他人恰好不方便过来。在这种压力下不改变治疗计划是非常重要的，并用此来理解在个体的代替者身上表达出来的家庭阻抗。治疗师希望重新建立家庭对治疗的承诺。如果对阻抗没有任何反应，每次治疗仍然只有这两个成员，而且他们依然认为自己是需要得到帮助的人，那么治疗师就是在默许治疗方式的改变。在为家庭中有治疗动机的成员推荐个体治疗之前，治疗师需要推动那些缺乏治疗动机的成员，并让他们了解到缺席家庭治疗的遗憾。

如何有效地从一种模式转变到另一种模式？

从一种模式到另一种模式的转变是进步的表现。当一个家庭的抱持能力在家庭治疗中得到提升，终止家庭治疗后，某个成员在家庭的支持下继续进行个体治疗，这意味着家庭获得了区分并满足个人需要的能力。例如，在一个母亲从小受到性虐待的家庭中，母亲无法将自己的故事告诉给家庭以外的人。而家庭治疗停止后，在丈夫意想不到的鼓励下，她能够加入一个乱伦幸存者组成的团体。个体完成了个人分析之后，即使面临未知的发展性挑战，他也可能将家庭带入到家庭治疗中。第十九章中描述的案例，父母拒绝家庭治疗，9岁的儿子接受个体治疗，父母则接受了父母指导性面谈。随着对治疗师信任度的提升，父母接受了家庭治疗，并继续个体治疗。在《客体关系家庭治疗》的第十二章中，我们描述了一个案例，这个案例将孩子的个体治疗与父母的夫妻治疗卓有成效地结合了起来。其中的关键点是从一种模式到另一种模式的转换不应该是对阻抗或移情的随机反应，应当仔细认真地制订同时进行的、连续的治疗计划并执行。总之，治疗框架是至关重要的。

> **笔记**
>
> 运用客体关系理论能够很好地理解个人、夫妻以及家庭的动力，我们发现在基于客体关系理论时，个体、夫妻、家庭以及性治疗方法能彼此相容。可以将这一系列治疗结合起来同时使用。
>
> 费尔贝恩"内在客体关系"观点（Fairbairn 1963）
>
> 婚姻中相互的投射性认同（Dicks 1967）
>
> 亚团体的基本假设（Bion 1959）
>
> 家庭中的投射性认同，家庭共享的潜意识假设（Zinner 和 Shapiro 1972）
>
> 婚姻中相互的投射性认同（Zinner 1976）
>
> 个体、夫妻、家庭以及性治疗的整合（D. Scharff 和 J. Scharff 1987，1991）

第二十二章
客体关系理论应用于不同症状和人群

成瘾咨询能否运用客体关系理论？

对于酒精、药物成瘾这种独立的症状，单一地运用非指导性客体关系治疗方法是不足以解决问题的。成瘾习惯的继发性影响也使得连续的心理动力性治疗不太可能实现。人们需要一个支持性的、使其能够复原的人际网络以及一个可以阻止成瘾的对抗性团体系统。然而，成瘾症状的消除并不是治疗的结束，而是治疗的开始。客体关系理论能够帮助成瘾咨询师去理解来访者和咨询师所面对的问题。

有些来访者在改善的后期能够迅速地进入到心理动力性治疗当中，可能不需要完整的戒毒、行为以及团体治疗的课程。那些物质滥用较轻的来访者可能在没有团体的支持下戒掉成瘾，并直接进入到门诊的客体关系治疗当中。这种情况可能在物质滥用的案例中看到，但很少出现在成瘾的案例中。

我们将物质成瘾概念化，称其为一个自体渴望的兴奋性客体的象征。其症状是将令人困惑的抚养客体的内射性认同重复具体化。如果这一客体缺席，自体会丧失将体验描述与更新的符号化和象征化的创造性能力。取而代之的是，自体通过成瘾，或在更多的较为严重的案例中，通过精神病性的行为将痛苦传达给内在客体来试图消除其对自体的影响。

客体关系治疗有助于饮食障碍的治疗吗？

针对低于某一体重的来访者，对抱持环境的管理可能要包括住院式治疗，以让他不至于死于饥饿，或是由于电解质失调而引发心脏病。此类来访者的吃饭行为没有成为一个自动的习惯，自体对食物摄入的控制就如同他对客体的内在态度。就像在成瘾或酒精中毒的案例中，客体关系被具体化为某种物质，这里是食物。客体关系理论有助于处理这类来访者的移情，就像他们会大吃大喝或者吃得很少，他们既渴望又拒绝治疗师的干预。应用到厌食症患者所在的功能失调的家庭中，客体关系理论阐明了这个饥饿的人对女性身份的渴望、兴奋和拒绝的焦虑。玛拉·塞尔维尼·帕拉佐力 (Mara Selvini Palazzoli) 首先从客体关系的角度来理解厌食症，而没有采用悖论干预和通用药方。肯特·拉芬斯克洛夫 (Kent Ravenscroft) 将客体关系家庭治疗运用到暴食症青少年的治疗中。

如果来访者需要心理教育，客体关系理论如何发挥作用？

患有精神分裂症或慢性精神病并丧失了基本功能的来访者、精神障碍的家庭成员、教育困难的儿童，如有多动症、严重的学习发育障碍和行为问题的儿童，面对这些人时我们常常想到这个问题。

当学习能力受损，以至于心理与认知成长、学术能力不能正常发展时，心理教育便成了治疗的一种选择。通过（1）让教育和心理需求相一致，（2）治疗心理障碍，这样儿童或成人能利用教育来学习。我们认为客体关系治疗适用于心理障碍的治疗，但它的疗效受到学习障碍、神经损伤以及精神病治疗领域专家的质疑，由于通常的观点是症状存在于来访者身上。他们反对探索家庭动力或客体关系历史的方法，因为他们认为这样是在将孩子的问题归咎于父母。但这是对客体关系治疗的误解。我们不进行评价，而是希望帮助家庭改善影响家庭成员症状的行为，修正家庭成员表达家庭弱点的效价。观察模式为家庭提供这样的机会，而不是批评家庭的某一个成员。

你使用药物治疗吗？

重性精神病、严重的精神崩溃和精神科急诊，如自杀和精神病发作，这些通常应当使用药物治疗，而不是立刻开始心理治疗。当药物与心理治疗相结合时，药物治疗更为显效。我们对运用药物治疗的疗效评估很感兴趣。然而，我们并不急于用药，尤其是在对门诊来访者进行治疗时。我们认为，对于生存、关系、抑郁，以及与冲突相关的焦虑等问题最好通过心理治疗来解决。通过心理治疗能治愈的症状比想象的要多得多。当不能肯定时，在开处方前，我们更愿意运用客体关系心理治疗来判断仅用心理治疗是否已经足够让来访者的生活状态脱离危险。

客体关系治疗是否会对重性疾病，包括精神病有帮助？

客体关系治疗完全适用于精神病来访者的治疗。尽管一些早期的理论学家认为可以单一地运用客体关系方法来治疗精神病，但现在我们认识到，在多数严重的心理疾病个案中，生物化学的不平衡是需要用药物来治疗的。治疗仍然和精神病来访者的那些适应不良的特质、人格问题、继发反应以及心理复原有关。在这种情况下，我们推荐将心理治疗同药物治疗、心理教育、家庭治疗结合起来的方式。治疗可能需要较好的自我支持特质，但仍然涉及暴露和重建这两个重要方面。

在严重心理疾病的住院治疗中，客体关系理论有助于理解医院监护基础上的动力。将客体关系理论运用于群体功能，就会了解来访者如何在潜意识需求的驱动下形成亚团体，满足那些在和医院职员的治疗关系中被阻挠的潜意识需求。玛丽·梅茵(Mary Main)、阿尔弗莱德·斯坦顿(Alfred Stanton)和莫里斯·施瓦兹(Morris Schwartz)曾经描述了在治疗团体中出现的行为模式是如何反映出每个来访者的心理动力的。

当一个家庭成员是精神病来访者时，客体关系家庭治疗能否有帮助？

客体关系家庭治疗提高了家庭帮助精神病成员用药和恢复的能力，减轻了家庭压力，改变了动力，这都能减少来访者的精神病症状以及其他家庭成员所受的伤害。客体关系方法是基于对家庭范围内投射性认同系统的研究。这些系统必须在儿童和青少年能够逃离双重束缚，并从家庭的依恋系统中分离出来以前被理解和放弃。这以后的二十年，我们越来越强调精神病在错乱基因和神经递质方面的原因，意味着客体关系家庭治疗在支持家庭应对障碍成员方面逊色于心理教育。现在芬兰的研究人员在对精神病来访者的治疗计划中加入了心理动力性家庭治疗(适应需要的方法)，结果证明显著降低或消除了来访者对抗精神病类药物的依赖。针对精神病以及边缘性特征的客体关系家庭治疗，其价值再次得到肯定。

如何理解心身障碍的形成？

心身障碍是由于出现问题的内在客体关系癔症性转换成生理问题和疾病，并成为来访者当前联系方式的基础。弗洛伊德对那些遭受无法解释的生理症状（如单腿麻痹、反复咳嗽、鼻窦炎、失语以及疲劳）的来访者进行了研究。他发现来访者没有将创伤性体验意识化，而是在这些症状中用分离和转换来体验他们埋藏起来的记忆。费尔贝恩发现癔症性转换过程既由父母的过度刺激和拒绝交互驱使，也受潜意识象征化的驱使。

尤其是在早年剥夺和创伤的环境中，它们在额叶中进行了编码，躯体病状成了表达早年的父母、孩子之间重要情感冲突的基本策略。随着社会对性和性虐待的态度更加开放，对性完美概念的进一步贯彻，现在癔病过程也更常见地表现为饮食障碍和性功能障碍。

乔伊斯·麦克杜格尔(Joyce McDougall)将躯体描述为早期发育中难以用语言表达的戏剧事件重演的"剧场"。经过移情和反移情的互换，治疗师接受生理感觉、情绪反应或幻想中的讯息，并将体验转化成文字。客体关系治疗为语言化来访者先前无法说出的体验提供了一个安全的空间。

在性虐待中会发生投射性认同吗？

父母可能会把孩子看作自己某部分的代表，即被他们自己的父母之一虐待的那部分，或是重新创造出来的施加虐待的父母客体。孩子成为了一个兴奋性和性欲化的客体，既被喜爱又被憎恨。换句话说，父母把孩子作为自己的自体或客体的某部分来对待。那么，在现实行为中，父母可能会既让孩子感到舒服，又去伤害孩子。然后，将已经投射到被虐待的孩子身上的部分再次进行内射性认同，这为父母重新创造出原始虐待情景中的的创伤。通过这种方式，投射性和内射性认同的机制让虐待的创伤在代际间延续下去。

有应对外遇的客体关系方法吗？

当夫妻间的亲密和性生活出现分裂并投射到另一个关系中时，就会发生外遇。通过这一另外的关系，夫妻在潜意识中希望自己有创造新的性关系的能力，并将之引入贫乏的主要关系中使其复苏。外遇是分裂和压抑的实例，发生在人际间领域，而不是内心领域。当分裂和压抑的问题不能得到恢复，外遇就成为了核心，而现在的婚姻也不再是主要的关系。对于夫妻治疗师来说，当前的婚姻仍然是主要的焦点。如果婚姻要得到帮助，被分裂到一个或多个外遇中的成分就需要被理解为属于主要的婚姻关系，并要将之重新整合到夫妻共有的婚姻主题中。

外遇来自于婚姻中抱持和核心关系方面的缺陷。它代表了被分裂出去的主题，在外遇尚未公开时，这些主题被压抑在夫妻关系的边界之外。所以，理解外遇的起因是迈向重新整合的第一步，即重新整合发生在夫妻双方和个人建立亲密关系的能力的分裂中。

为了理解性欲倒错，你需要应用驱力导向和认知行为的模型吗？

"性变态"一词取代了"性欲倒错"，更为准确地指代了性行为连续体中的多样化方式。这包括强奸幻想、拍打屁股、统治、踩踏和其他形式的施受虐、恋物癖、摩擦淫、恋童癖和任何强迫性行为。在二十世纪中期，对性变态（当时还包括同性恋）的精神分析解释是建立在驱力模型的基础上。弗洛伊德和汉斯·萨克斯 (Hans Sachs) 认为，性变态代表了儿童期性欲的孤立部分在成人的发展中得到了保持。根据这一观点，多种形式的性变态在早年的发育阶段是正常的，但是当通向成熟的俄狄浦斯发育的通路被阻断之后，个体的性便固着在了不成熟的形式中。

这些解释需要被扩展到关系模式中。在客体关系治疗中，我们认为性欲倒错是关系中孤立的、性欲化的部分，是一个具体的、部分客体的、象征性的形式，作为来访者利用生殖器和所有客体建立联系的能力的妥协而得以保持。我们想要理解什么特定危害引起了妥协的需要。

当个体如此沉溺于性行为，以至于干扰了他们的健康、安全、工作、关系和自尊的时候，他们会抱怨性欲倒错。使用虚拟的性可以让性欲倒错的冲动和所有类型的性幻想的满足不需要身体的暴露而得以表达，这在某种程度上降低了风险。但另一方面，它也加强了性欲倒错的冲动，并导致一些使用者出现了互联网的性成瘾。

当伴侣厌恶或回避参与到未被共享的性幻想中，以及当性唤起的环境变得比对爱人的渴望更重要的时候，夫妻会来寻求治疗。在治疗中，我们对个人和夫妻的动力、客体关系的历史进行工作，以理解为什么一个形象、声音或条件比有生命的伴侣更吸引人。进行客体关系治疗的同时也可能会应用抗抑郁药，来减少强迫性行为的频率，也可能会同时进行针对性成瘾的基于小组的12步计划，以及性治疗。

客体关系理论认为父母两者对于孩子的经历同等重要。那么它怎么应用到单亲家庭中呢？

在处理养育孩子的攻击问题上，单亲家庭的家长显然比家庭中父母两人相处得适度融洽并一同来养育孩子的双亲家庭的家长压力更大。单亲是一个不利条件，单亲家庭的家长必须同时扮演父亲和母亲的角色，这样才能代表父母。

每一个家长都容纳一个内在的夫妻，即一个心理结构来介导重要的亲密关系的能力。内在的夫妻是基于一个人对父母关系的体验，并通过自己对其他夫妻的了解和对成人亲密关系的先前体验来进行修改。单亲母亲可能会给孩子看照片，显示她和另一个男人之间的关系，无论她是否真实地和那个男人有过关系。父亲也会根据他和某个女性的关系做同样的事情。这不是内在夫妻呈现的单一形式，还有很多的可能性。这发生在事件的一般过程当中，如单亲的家长讨论其他的夫妻，回忆自己的父母，或分享她对自己孩子成长和建立关系的能力的希望和恐惧。因此，对于一个单亲家长来说，为孩子提供所有的可能性，使孩子在成年后有能力建立起爱和性的关系，这是完全可能的。

即使家长是同性恋这也是可能的。同性恋家长呈现的内在夫妻是否包括了孩子成长的所有可能性，还是会更偏向于同性夫妻，正如异性恋家长的内在夫妻也偏向于异性夫妻呢？研究显示同性恋夫妻可以为孩子提供所有的选择。同性恋父母在内心当中也承载着内在夫妻，这是基于对他们的亲生父母作为夫妻的体验。

你怎样理解同性恋？

现在，同性恋不再被理解为是病态的，而是人类性发育和性客体选择的潜在模式之一。作为人类发育的一种结果，它当然会受到原始客体的影响。孩子与父母之间的经历所带来的影响和他们之间关系的质量对于发育路径的选择非常重要。父母为孩子提供范围宽广的内在客体，包括他们性的方面，以建立联系。这也和发育的路径有关，包括异性恋、同性恋和双性恋。

同性恋可能会因为自己的同性恋倾向而感到不适，并因而来就诊，或者更常见的是因为他们的生活或联系能力中的其他方面。如果治疗是强化而全面的，那么它将包括对早年生活体验的探索，涉及那些在性别和性客体选择的发育中形成的体验。这并不意味着会存在偏见，倾向于更偏好的结果，这与对异性恋来访者进行的此类探索是一样的。

客体关系治疗可以被应用于自杀的突发事件吗？

如果一个人的生命存在危险，那么信任的能力和自杀的风险就必须得到评估，而且必须要立即完成应对自杀情景的合理计划。这里，客体关系治疗提供了一个安全的抱持环境，在这里可以形成核心的治疗关系。如果我们能够理解是什么导致了不同来访者的自杀观念，我们就可以使得他们从伤害自己的危险中转向理解他们的抑郁性恐慌中的关系性元素。我们以表22.1中显示的方式来看待自杀冲动。

表 22.1 尝试自杀的客体关系

对自体所认同的内在客体进行攻击
对自体进行攻击以使客体免于伤害
对自体毁灭性融合的客体进行攻击
尝试将自体从客体中分离出来

将潜意识群进行意识化可以帮助来访者放弃自杀的念头。

在护理情境的处理中，它能有着怎样的作用？

在一个健康维护组织或护理情境的处理中，我们不可能根据来访者的需要来随意地选择治疗的次数。一些治疗师更加活跃地进行干预，以适应4次面谈合同的现实要求，寄希望于如果治疗师在有限的情境中做得越多，来访者好转得也越快。我们已经发现这在实践中未能得到证实。把这段时间用于为来访者提供思考和工作的方式显得更加有用，以心理动力学方法说明需要做多少，以及怎样才能做到，而不是不顾一切地要在短暂的时间里做一点点事情。时间可以被更好地应用在使来访者知道什么是可以做到的，而不是蛊惑来访者和赞助机构相信4次访谈对于任何人都是足够的，除了那些处于短期成长危机中的基本健康的人。

这些情况通常包括：在学生精神健康领域，年轻的来访者面对入学后离开家的焦虑，形成和打破亲密关系和性关系，解决与室友的争论，面临学业危机的挑战和处理他们父母所处情境的改变而寻求帮助。已婚的来访者可能会因为婚姻的紧张来寻求帮助，原因可能是工作过多或学业压力过大，或者要适应因为孩子出生而导致的情感和经济责任的增加。其他人可能为了适应身体的疾病而来寻求帮助。此时，这些挑战暂时压倒了个人或家庭的适应能力，集中在这些挑战上的短程治疗方法通常能够让来访者在1~3次的访谈中回复到之前好的适应能力水平。如果来访者发现在这些危机中存在更为长期的问题，他们可以考虑他们需要怎样的帮助来达到更彻底的再适应。来访者和治疗师可以一起考虑其他的可能，包括在健康维护组织或咨询中心之外的低收费治疗。这通常让来访者有能力决定所需要的经济和情感上的投入，即使投入不由保险机构来支付。

强化的客体关系治疗只适合于有钱人和受过良好教育的人吗？

诚然，长程的心理治疗是需要有经济保证的。随着越来越多的治疗师开始接受客体关系治疗的训练，提供低收费咨询并能提供客体关系治疗作为他们治疗配备的一部分的机构也越来越多。精神分析研究所提供低收费的精神分析给那些有资格获得费用削减的积极申请者。客体关系治疗不只适合受过良好教育的人。准来访者确实需要一定程度的心理感受性来和治疗师用客体关系的语言交流，但是我们也发现心理感受性并不与智力、教育水平或文化背景直接相关。也有一些富有的、受过高等教育或享有特权的来访者不能使用客体关系方法工作，反而需要教育性更强的方法。相似地，有些来自贫困群体的来访者，语言能力和智力都非常有限，但他们在关系和感受中工作得很好，领悟也不错。他们可以愉快地接受这种新的思想来理解自己的生活，能够比久经世故的来访者更好地利用它。

客体关系治疗似乎很复杂，是不是一定需要长时间治疗呢？

我们倾向于将客体关系治疗作为长程的治疗方法，以年而非月来计时。然而将客体关系作为工作和考虑临床情境的方式，对于短程治疗也非常有用（见第十八章短期治疗）。

笔记

这一章让我们从客体关系的角度对酗酒、成瘾、自杀、饮食障碍、学习障碍、精神病以及性欲倒错等不同情况有了一个总体印象。我们还考虑了同性恋和外遇。我们对客体关系理论与短期治疗和治疗护理之间的相关性进行了总结：

心理动力及团体动力（Main 1957，Stanton 和 Schwartz 1954）

外遇（D. Scharff 1982，D. Scharff 和 J. Scharff 1991）

性变态/性欲倒错（Freud 1905b，Joseph 1989，Sachs 1923）

精神病（Kernberg 1975，Ogden 1982，Searles 1965，Volkan 1976）

饮食障碍（Ravenscroft 1988，Selvini Palazzoli 1974）

心身障碍（McDougall 1989，1995）

性（Scharff 1982，Glassgold 和 Iasenza 1995，Levine 1992）

性创伤的后果（J. S. Scharff 和 D. E. Scharff 1994）

精神病来访者的家庭治疗（Lansky 1981）

痛症（Breuer 和 Freud 1895）

适应需求的方法（Alanen et al. 2000）

第二十三章
客体关系治疗师的角色和体验

作为一个客体关系治疗师，你的价值观是什么？

我们重视领悟、心理感受度，尊重人的倾听和情感调节。我们重视通过在反移情中体验潜意识来将潜意识意识化，然后以解释的形式展示给来访者。我们不重视未经深入重构的症状缓解，我们重视成熟、成长以及心理发展过程。我们重视过程和回顾。

你如何看待症状？

我们认为症状是不可接受的联系方式与当前关系的需求之间达成的一种妥协。治疗包括通过将潜意识意识化来恢复自体中丧失的、被抑制的部分，这样使自体更多地用于与外在的客体的交流，并被外在客体修正。

在治疗中你如何称呼你的来访者？

我们在同来访者做咨询时通常用姓来称呼他们。在家庭治疗中，我们用姓来称呼父母，用名来称呼孩子。在夫妻治疗中，首次治疗时我们用姓来称呼他们，但随着我们的逐渐熟识，夫妻之间自然用名来称呼彼此，而我们倾向于在治疗中使用更加正式的称呼，即使是电话交流我们也倾向于采用较为正式的称呼形式。

使用"来访者"这个名词难道不是与客体关系治疗的非权威主义立场背道而驰吗？

在我们看来并非如此。作为医生，我们认为自己是在和来访者一起工作。使用这一术语我们毫无轻蔑之意。它可以被简单地类比成与来访者工作的社会工作者或咨询师，以及与学生工作的教师。从早期作为医生的体验转变为专制角色的关系的可能性需要被认真考虑，并进行解释，但那并不否认合作立场的可能。个人的尊重和整合超越了术语的界限。

治疗师在治疗的初期、中期和后期有何不同？

主要的区别特征是治疗师与来访者一起工作的能力。在治疗早期，治疗师和来访者一样容易对暴露引发焦虑的内容表现出阻抗。但这不是不正当的或病理性的串通。治疗师只是陷入防御过程中。只有治疗师这样被影响，他们才能知道以后如何对来访者进行治疗工作。在治疗中期，我们看到治疗师和来访者分析阻抗的能力都有所提高，同时进入更强烈的焦虑中。在治疗后期，我们看到治疗师和来访者形成了一个合作更加紧密的整体客体关系，而较少回复到将治疗师作为部分客体的原始关系，回复的时间也较短。

治疗中如何体验客体关系？

来访者或来访者群体的内在客体关系作为将要与治疗师重建的一种关系地图或脚本进行工作。治疗中这些重建的关系是与婴儿期依赖的客体之间的原始关系的新形式。一个相对来说意识化、成熟的或合作的关系，与核心自我享有的理想的或足够好的客体关系相一致，这样的关系决定了治疗联盟的性质，而治疗联盟分别受到潜意识中兴奋的或拒绝的内在客体关系的活跃或攻击。随着治疗师容纳那些被压抑的客体关系的表达，来访者也能够对更多的问题进行修正和再加工。

你能举例说明个体治疗中体验的客体关系吗？

唐纳德是一位建筑师，他告诉我，他更想找一位男性治疗师。他不喜欢我办公室的家具和周围的环境，他觉得我收费太高。我应该住在他那边，按照他所要求的收取每小时的费用，用皮革来重新装修我的办公室。他攻击我试图将他对我的感受同其过去联系起来的努力。我感到被摧垮了，不知道接下来该说什么，也想不起来说了些什么，就好像我不在那里。随后当我了解到他和母亲的关系时，我发现了他一直在移情中重建的事物。他的母亲过去常常坚持要他一起出去购物，因为他长得很像她，她就把帽子戴在他的头上来看看是否适合自己。他讨厌购物，宁愿去和他的朋友一起踢足球。他把自己感觉成一个孩子的时候，我觉得受到了强迫，变成另一性别，我的自主和自我思考都暂时地被压制了。他让我体会到他在童年时和母亲在一起的感受。我体验到了一种一致的反移情，和作为毁灭性的母亲的客体与之发生联系的他的自体相一致。压抑的客体关系在移情中得以重建。一些证据表明核心自我充分地将我作为足够好的客体来建立联系，如他继续参加咨询，按时足额付费，我们将促成必要的治疗联盟以支持压抑的客体关系的显现。

你总是会有反移情吗？

是的。移情和反移情一直存在。然而，大多数时候，反移情存在于潜意识当中，只是简单地体验为与来访者协调一致的感受。而有些时候，它是强行进入的。治疗师意识到这是一种反移情反应，这种反应令人迷惑或不和谐或其他什么。它干扰了潜意识的自动导航机制，该机制让治疗师保持协调，不偏离轨道。专注于反移情在治疗师的体验和观察部分之间建立了一个反射性空间。在这里治疗师找到了处理和回顾的空间，从而理解来访者此时此地的体验如何反映了来访者的潜意识客体关系设置。

你怎么知道你的反移情不正是"你和你的问题"？

正是你的，就是你的，但它是由于对来访者的反应而激发的。然而，你想证明你的典型而重复的反移情并不总是基于自己的神经症冲突，唯一的保证是确认你在自己的个体治疗或精神分析中被充分治疗了。你也要经常处理和回顾自己的反应。如果你发现，你自身的问题带来的反移情多于对来访者的情感反应的话，最好的方法是承认它，对它进行处理，而不是把它强加于来访者，坚持让来访者处理你从错误的基础上得到的解释。你会知道你自身的弱小部分将成为接纳来访者的移情困难最敏感的区域。有了知识、经验和治疗，这些弱小部分会获得力量。

治疗师总是需要做心理治疗吗？

如果我们没有对治疗的体验，就不可能成熟地进行可靠的治疗。即使治疗师基本健康，如果他们体验过在治疗关系中从来访者一方来探索他们的潜意识客体关系，他们的工作将更加深入。客体关系治疗需要治疗师运用自己的内在反应作为线索来发现来访者给他们带来了什么。治疗师必须能确保自己反应的效度，否则就不能理解这些线索。个人治疗的体验使他们更清楚地认识自己，并由此提供了基准，这样他们便能确信何时他们内在现实体验到的外来事物是源于和来访者的遭遇。我们鼓励所有的培训学员获得个人治疗或精神分析的真实体验，即使这对于他们的个人生活是没有必要的。

在做夫妻和家庭治疗时，你如何决定进行协同治疗，协同治疗如何改变你的工作方式？

我们并不倾向于使用协同治疗。我们发现独立工作通常做得与协同治疗一样好，而且更经济。然而有时候，家庭治疗会相当困难。例如当过度活跃的孩子不止一个时，我们发现协同治疗师对于支持抱持性环境是非常有必要的。其他的时候，我们选择协同治疗是希望有机会从其他同事那里获得信息，在协同治疗的关系中体验移情，而不是像独立工作时那样在内心领域中体验。协同治疗对于夫妻治疗师的培训非常有用。

协同治疗改变了反移情的焦点，从而改变了工作方式。在协同治疗中，反移情在协同治疗关系内被体验。我们发现自己依据某种特定的客体关系模式来对待我们的协同治疗师，这种关系模式反映出工作在夫妻或家庭成员之间的压抑的客体关系。当协同治疗师谈论他们的体验，并将其与家庭联系起来时，向家庭或夫妻阐释这些是有帮助的。如果协同治疗师是已婚的，就像我们一样，移情将在协同治疗关系中产生共鸣，治疗师自身的婚姻问题从而被引发。作为已婚的协同治疗搭档，我们必须面对自己内在的配偶，以便能够区分他们投射给我们的内在配偶。这种处理和回顾要比未婚的协同治疗团队使用频率更多，也更为复杂。所以为了节省时间和财力，避免由于工作进入家庭生活空间而带给我们自己和家庭的烦恼，我们通常不选择协同治疗。

第二十四章 治疗能力的发展

你怎样忍受与人如此密切地工作？

即使我们正确地工作，治疗仍是一项非常艰难的事情。治疗使我们陷入自己人格中最深的隐秘处，我们必须面对自己的问题一面。只有当我们拥有足够的支持去这样做时，我们才能胜任这份工作。我们的意思并不是说当前的支持要同构筑起我们自己的资源一样多。这些资源来源于先前的临床经验、督导、同辈督导、咨询以及治疗。我们选择成为一名治疗师，是因为我们自己内在的客体关系设置：我们需要修复客体，我们认为这些客体遭到了我们的需求和攻击性的破坏。随后在某种程度上，作为回报，我们自己的工作生活受到一些伤害，然后从中恢复，并以此来治愈我们在来访者身上看到的自己的某些部分，我们对此感到满足。通过治疗和持续的临床经验，当我们更加健康，不再需要这样的修复时，我们就能忍受工作中的厌烦情绪。这个时候一些治疗师可能会辞去工作或是体验到精疲力竭。重要的是认识到这是治疗师成长和发展的一个时期。我们鼓励治疗师寻求帮助来越过这一时期，以求继续工作，用更加健康、适应能力更强的机能来取代先前的受虐状态。

客体关系治疗师的工作给你带来了什么？

你会不时地感到厌烦。如果你不能很好地代谢你的工作，那么工作将会深深地影响你，使你可能在回家后像来访者对待你那样对待家人。用足够的时间去处理体验是至关重要的，但这应该在办公室进行，而不是回到家以后。与此同时，客体关系治疗具有不断的挑战性。它要求并促进你持续的个人成长。作为治疗师的满足感在于发现自己越来越有能力处理更广泛的问题。就如同我们熟悉的外科医生的感受一样，你已经处理了如此多的相同类型的步骤，对你来说不再有什么是新的，因此也就没有了不安全感。人类的人格相对于身体更加微妙，要求更高。它需要更强的灵活性、独创性，以及包容歧义的能力。好的治疗是一次富有挑战性的体验，来访者和治疗师都能从中得到成长。

你如何确保自己能胜任这样一份工作？

个人和同辈群体的督导是非常必要的，直到治疗师觉得自己能独立工作。即便如此，为了取得最好的效果，明智的治疗师会在治疗遇到困难的时候寻求咨询。大多数治疗师需要个人治疗和精神分析的体验，即使个人治疗对他人的生活和爱情关系没什么必要。只有通过这种方式，治疗师们才能唤起更多他们人格中被压抑的方面，并使其有助于治疗工作。治疗师必须积极地发展亲密的社会生活，以使来访者无须成为治疗师主要的满足性客体。否则，治疗师会非常害怕一旦来访者康复而离去，来访者会立刻成为抛弃性客体，在这样的案例里，治疗效果可能大打折扣。

当谈到督导时，是否意味着通过单向玻璃来完成？

不，我们不使用单向玻璃，因为即使通过单向玻璃，督导师能够观察到和听到治疗中的所说和所为，但他们依然无法了解治疗师内在的体验。督导师只有通过对治疗师的自我报告进行工作，通过监视在监督关系中治疗师对来访者的体验的共鸣来了解整个治疗。督导师为治疗师提供了一个心理空间，在这个空间里，治疗师和督导师一起来探讨治疗师对来访者或来访者群体的潜意识反应。

什么是婴儿观察法，它如何改善临床技能？

在每月两次的婴儿观察法的研讨会上，治疗师要仔细讨论婴儿在家中受到照料的观察记录。每个临床医生都曾在两年中每周拜访一对母子，目的是简单地观察发生了什么，但不做任何作为治疗师的干预。在研讨会上，他们轮流阅读观察记录。其中最重要的是，他们报告和处理在观察任务中被唤起的感受。通过与顾问医师的讨论，研讨会的成员得出对于婴儿形成的心理结构的假设。

直接了解从婴儿期到学步期的孩子，使我们能够生动地理解早年的发育，这对于处理成人那一时期的冲突是非常有用的。同时婴儿观察法也让临床医生准备好长时间地坐在那里体验来访者，不试图强制进行改变，而是容纳移情中的焦虑——一种重要的技巧，它使得解释从共有的体验中产生，且对促进成长最为有效。

哪些研究工具适用于客体关系治疗？

婴儿观察法是一种自然形式的研究，但观察者并不询问固定的研究问题，因此没有与这种研究形式相关的测验。在英国，由赫伯特·菲

力浦森 (Herbert Phillipson) 开发的客体关系测验 (O.R.T.) 将对图像的反应进行标准化计分，有点像较著名的罗夏墨迹测验和主题统觉测验。客体关系测验不断在更新，直到马丁·肖 (Martin Shaw) 在美国发表了得到核准的修订版才得以运用。这个测验将人的叙述性反应分解为一连串的关键词，根据手册对其打分后就能得出一个人的客体关系的概况。杜鲁·韦斯特恩 (Drew Westen) 在主题统觉测验中应用了 Q 分类法，来测量客体关系的四个维度——恶意与善意情感，满足和尊重他人的需要，理解社会因果关系，区分自体和他人。他发现，客体关系是涉及多方面的发展进程，该进程由亲和和依恋驱动，也由驱力的满足驱动。除主题统觉测验外，韦斯特恩还运用了其他测验，如图画排列测验，罗夏、贝尔客体关系量表，柏克的综合性客体关系轮廓图，伯尔的客体关系特质测验。有关客体关系领域的测验还包括用来测量婴儿依恋的安斯沃思陌生人实验情境、成人依恋访谈、用于编译社会和家庭的相互作用的本杰明规程，以及伯奇内尔的人际关系八角形，表征人类在亲密/疏远、上层/下层方面是如何相互联系的。在关于《客体关系个人治疗》研究的一章中，更加全面地提及和引用了这些测验以及另外一些测验。

治疗师从哪里获得补给？

除了个体治疗和督导外，深入工作的治疗师需要通过分享体验、寻找鼓励和学习最新的理论和技术来获得供给。当社会不能为强化治疗提供支持时，治疗师需要建立一片"绿洲"。这就是我们为什么要建立国际心理治疗协会的原因。这个协会是一个学习社区，在这里来自全世界的治疗师每年聚会约 5 次，共享强化的学习模块，这一学习模块运用了我们称之为"小组情感模型"的方法。成员们提出概念，并使用临床资料来阐释这些概念，然后在小组中讨论他们对新观点的个人反应。在讨论过程中，小组发现这些概念在组内的相互作用中得以展现。这种以实际行动来体验概念的形式使得治疗师们能实时学习和内化这些概念，然后在临床中加以运用，更加坚信这些概念的价值。

你是如何处理治疗结束的？

从治疗的第一天起，你就在思考如何处理结束。每一次面谈完毕都预示着结束。对面谈结束的关注涉及分离的问题，提醒治疗师和来访者他们何时将分别。当来访者准备好结束时，治疗师会经历一个与来访者并行的过程。治疗师和来访者会共同为失去治疗机会感到悲伤，即使他们一起欢庆无须继续治疗。

稳定的转诊源无疑是一种帮助。

治疗结束后，你如何对待来访者？

治疗结束后，我们不寻求与来访者建立个人关系。然而，我们可能遇到以前的来访者成为我们的新邻居，或是来访者的孩子同我们的孩子上同一所学校，又或者在足球场、宴会和职场中遇到以前的来访者。在一些情况下，我们可能希望建立一种新的关系，但我们必须对先前治疗关系的影响保持敏感。我们知道，以前的来访者会继续想起我们的治疗身份，把我们体验为内部存在整合到他们的心理结构中，即使得到代谢，但仍然施加了内在客体的影响，甚至即使已经不再可用，治疗师也不再有权处理移情的再现时，充分得到分析的移情还潜在。没有预料到移情会再现的治疗师可能必须做一些治疗后的自我分析来调整自己的角色转变，而不再像以前治疗中那样对来访者进行解释。

在任何情况下，我们都不愿同当前或先前的来访者有亲密的、情感的或性的关系，包括那些后来成为我们的同事或者学生的来访者。

我们受到的影响是，我们从来不能确定他们对我们感兴趣的本质中有没有移情关系。如果我们感到被吸引而破例，我们需要再次检查我们对来访者的反移情和对治疗结束的反移情。我们要在那些和我们没有治疗关系的人当中寻找社会的、亲密的和性的关系，这一点非常重要。

但这并不意味着我们拒绝同以前的来访者讲话。如果我们在工作中发现他们是我们的同事，或在社会交往中相遇，我们要与他们自然地、客气地打交道，总是尊重他们的需要。我们不要让自己的渴望、好奇或其他残存的不舒服促使我们做出诱惑的、拒绝的或有害的非个人行为。

通过签订治疗合约以及为我们的服务收费，我们承诺将自己的利益放在次要地位，以使得我们能成为来访者必要的治疗性客体。我们在治疗过程中的收入是对个人损失的补偿，我们在治疗中只能为来访者的利益着想。

笔记

婴儿观察法（J. Scharff and D. Scharff 1998；Williams 1984；Magagna（in press）

培养治疗师的自体（J. Scharff 和 D. Scharff 2000）

客体关系研究（Shaw 2002；Westen 1990）

关系的测量（Morrison et al. 1997a, 1997b）

夫妻的复杂性依恋（Clulow 2001；Fisher 和 Crandell 1997）

编译社会和家庭的相互作用（Benjamin 1996）

人际关系八角形（Birtchnell 1993）

第二十五章　进一步阅读指南

哪些书是应最先读的？

我们推荐的入门级参考读物全部列在了后面的各节中。简而言之，这里我们介绍的读物是我们认为最有用的。

我们建议从大卫·萨夫编著的《客体关系理论及实践》(*Object Relations Theory and Practice*) 开始读起，这本书主要是由他挑选和整理的重要贡献者的论文组成。然后阅读他对罗纳德·费尔贝恩的《人格的精神分析研究》(*Psychoanalytic Studies of the Personality*)，汉那·西格尔的《梅兰妮·克莱茵的工作介绍》(*Introduction to the Work of Melanie Klein*)，唐纳德·温尼科特的简明本《儿童、家庭和外部世界》(*The Child, the Family and the Outside World*) 的导言（与 E.F.Birtles 合著）。所有这些书都是通俗易懂的。西格尔和费尔贝恩的书关注于客体关系理论，而温尼科特对发展和家庭生活有着很好的概述。梅兰妮·克莱茵和琼·里维埃尔撰写的简明本《爱恋、憎恨与修复》(*Love, Hate and Reparation*) 用通俗的语言阐述了克莱茵的理论。

大卫·萨夫的《性关系：性与家庭的客体关系观点》（*The Sexual Relationship: An Object Relations View of Sex and the Family*）一书对克莱茵和费尔贝恩作了最为简要的介绍，大卫·萨夫和吉尔·萨夫的《客体关系家庭治疗》(*Object Relations Family Therapy*)的第三、四章中对英国客体关系理论家们作了进一步的简单介绍。约翰·萨瑟兰的文章《英国客体关系理论家：巴林特、温尼科特、费尔贝恩、冈特瑞普》(*The British Object Relations Theorists: Balint, Winnicott, Fairbairn, Guntrip*) 对此也进行了极好的简要概述。朱迪思·休斯 (Judith Hughes) 的《打开精神分析领域的新局面：梅兰妮·克莱茵、罗纳德·费尔贝恩、唐纳德·温尼科特的工作》(*Reshaping the Psychoanalytic Domain: The Work of Melanie Klein, W. R. D. Fairbairn and D. W. Winnicott*) 对客体关系理论的主要贡献作了不错的总结。我们同时也推荐 N·格里高里·汉密尔顿（N. Gregory Hamilton）的基本教材《自体及其他》(*Self and Others*)。

如何能找到更多关于费尔贝恩的文章？

费尔贝恩的论文——包括《关于人格结构的作者观点的概述》(*A Synopsis of the Authors' Views Regarding the Structure of the Personality*)——都收录在他的《人格的精神分析研究》(*Psychoanalytic Studies of the Personality*) 一书中。他的文章《歇斯底里状态本质的观察》(*Observations on the Nature of Hysterical States*) 写在该书之后，这篇文章同其他没有公开发表的文章一起收录在由大卫·萨夫和埃利诺·费尔贝恩·伯特斯 (Ellinor Fairbairn Birtles) 一起编写的《从本能到自体》(*From Instinct to Self*) 一书中，同时也收录到大卫·萨夫编著的《费尔贝恩：过去和现在》(*Fairbairn, Then and Now*) 一书

中。对于当前费尔贝恩理论的最新应用可以在由吉尔·萨夫和大卫·萨夫编著的《费尔贝恩和萨瑟兰的遗产》（*The Legacy of Fairbairn and Sutherland*）一书中找到。《国际精神分析杂志》对费尔贝恩的"人格的客体关系理论简述"进行了一页的快速回顾。哈里·冈特瑞普的《分裂样现象、客体关系和自体》（*Schizoid Phenomena, Object Relations and the Self*）一书修正了费尔贝恩的观点以包含退行的自体，尤其是对临床实践特别有帮助。如果你想更多地了解费尔贝恩本人及他的生活，约翰·萨瑟兰的短篇传记《费尔贝恩的内心之旅》(*Fairbairn's Journey to the Interior*) 引入入胜。

在哪里能读到更多关于温尼科特的文章？

亚当·菲力浦斯(Adam Phillips)的《温尼科特》(Winnicott) 描述了温尼科特的观点在哲学上的发展，可读性强，这本短小精悍的书客观地评价了温尼科特古怪理论的复杂性和模糊性。西蒙·格罗尼克(Simon Grolnick)的《温尼科特的工作和游戏》(The Work and Play of Winnicott) 和罗伯特·罗德曼(Robert Rodman)的《温尼科特：生活和工作》(Winnicott: Life and Work) 对概念的陈述非常有用，而且不复杂。关于原始论文，温尼科特的工作散见在许多文章中，这些文章收录在《论文集》(Collected Papers) 和《成熟进程和促进环境》(The Maturational Process and the Facilitating Environment) 中，你会享受沉浸其中。更为高级地对温尼科特的观点进行了整合的文集是他去世前的最后一本书《游戏和现实》(Playing and Reality)。

在哪里可以找到更多的克莱茵理论？

梅兰妮·克莱茵的散漫写作风格会让学生们读起来非常困难，

但他们可以通过读西格尔的文章较好地掌握相关的概念。如果你喜欢阅读原著，我们建议你可以从《嫉妒、感谢和其他工作》(Envy and Gratitude and Other Works) 的"对某些分裂样机制的注释"(Notes on Some Schizoid Mechanisms) 以及《爱恋、内疚和修复》(Love, Guilt and Reparation) 的"躁狂抑郁状态心理发生的促成"(A Contribution to the Psychogenesis of Manic-depressive States) 开始阅读。在吉尔·萨夫的《投射性和内射性认同以及治疗师自体的运用》(Projective and Introjective Identification and the Use of the Therapist's Self) 一书的第二到四章中探讨和总结了克莱茵关于投射性和内射性认同的概念。

与克莱茵一样，威尔弗雷德·比昂的著作令高水平的读者痴迷，但要理解原文是相当困难的。如果你准备好接受挑战，你可以从《从体验中学习》(Learning from Experience) 开始。幸运的是，他的关于团体、专业知识、精神病、思维、转换以及精神分析实践的观点在利昂·格林伯格 (Leon Grinberg) 和比昂的其他学生撰写的《比昂的著作介绍》(Introduction to the Work of Bion)，以及最近内维尔·希明顿 (Neville Symington) 和琼·希明顿 (Joan Symington) 的《威尔弗雷德·比昂的临床思考》(The Clinical Thinking of Wilfred Bion) 中得以简化和总结。他的团体理论在玛格丽特·里奥奇 (Margaret Rioch) 的杰作《精神病学》(Psychiatry) 中有所介绍。

你能扩展客体关系理论在夫妻和家庭治疗中的运用吗？

在亨利·迪克 (Henry Dicks) 的经典著作《婚姻的紧张关系》(Marital Tensions) 里将英国客体关系理论运用于婚姻动力学；在大卫·萨夫和吉尔·萨夫的《客体关系家庭治疗》(Object Relations Family Therapy)、《客体关系夫妻治疗》(Object Relations Couple Therapy) 和《治疗关系》(Treating Relationships) 中将客体关系理论运用到家庭和夫妻治疗当中；大卫·萨夫的《性关系》(The Sexual Relationship) 将客体关系理论运用于性治疗。吉尔·萨夫的《客体关系家庭治疗基础》(Foundation of Object Relations Family Therapy) 一书收录了罗杰·费舍尔 (Roger Shapiro) 和约翰·金纳 (John Zimmer) 的原文，他们在家庭研究中开创地运用了客体关系理论。

在大卫·萨夫的《重寻客体和再建自体》(Refinding the Object and Reclaiming the Self) 以及吉尔和大卫合著的高级教材《客体关系个人治疗》(Object Relations Individual Therapy) 中探讨了工作中内心与人际在自体发展中的相互关系如同自体与它的客体的关系。

我如何能够更加深入地学习客体关系理论？

已经熟悉基本理论的较高水平的读者如果希望更加广泛而深入地学习客体关系理论和相关的精神分析问题，可以从注释的笔记部分选取很多读物。在此我们要强调几点：各种相关的成果中，我们发现克里斯托弗·波拉斯 (Christopher Bollas)、帕特里克·凯斯门特 (Patrick Casement)、妮娜·科塔特 (Nina Coltart)、贝蒂·约瑟夫 (Betty Joseph)、史蒂芬·米切尔 (Stephen Mitchell)、汤姆斯·奥格登 (Thomas Ogden)、迈克尔·帕森斯 (Michael Parsons)、哈罗德·瑟尔斯 (Harold Searles)、汉那·西格尔 (Hanna Segal) 的著作以及伊丽莎白·斯皮里尔斯 (Elizabeth Spillius) 编著的书籍最有帮助。阿兰·肖尔 (Alan Schore) 关于神经发展及情感调节的研究、史蒂夫·索米 (Steve Suomi) 关于灵长类动物行为的行为学研究都与客体关系治疗师非常相关，很值得一读。

为了引导你对于某一特殊领域的兴趣，我们将参考文献分成了 10 个类别：个体和群体的客体关系理论，夫妻和家庭治疗中客体关系理论的运用，客体关系理论与其他方法的整合，美国的客体关系理论，移情和反移情，自体心理学，弗洛伊德理论，依恋理论，混沌理论以及其他相关成果。

附录

参考文献

BIBLIOGRAPHY

OBJECT RELATIONS THEORY OF INDIVIDUAL AND GROUP

Balint, M. (1968). *The Basic Fault*. London: Tavistock.
Bick, E. (1968). The experience of the skin in early object relations. *International Journal of Psycho-Analysis* 49:484–86.
——— (1986). Further considerations on the role of the skin in early object relations. *British Journal of Psychotherapy* 2:292–99.
Bion, W. R. (1959). *Experiences in Groups*. New York: Basic Books, 1961.
——— (1962). *Learning from Experience*. New York: Basic Books.
——— (1967). *Second Thoughts*. London: Heinemann. Reprinted London: Karnac, 1984.
——— (1970). *Attention and Interpretation*. London: Tavistock.
Bollas, C. (1987). *The Shadow of the Object*. New York: Columbia University Press.
——— (1989a). A theory for the true self. In *Forces of Destiny: Psychoanalysis and Human Idiom*. London: Free Association Books.
——— (1989b). *Forces of Destiny: Psychoanalysis and Human Idiom*. London: Free Association Books.
——— (1992). *Being a Character*. New York: Faber and Faber.

BIBLIOGRAPHY

——— (2000). *Hysteria*. London and New York: Routledge.
Bowlby, J. (1969). *Attachment and Loss. Vol. 1: Attachment*. London: Hogarth Press. New York: Basic Books.
——— (1973). *Attachment and Loss. Vol. 2: Separation: Anxiety and Anger*. London: Hogarth Press. New York: Basic Books.
——— (1980). *Attachment and Loss. Vol. 3: Loss: Sadness and Depression*. London: Hogarth Press. New York: Basic Books.
Casement, P. (1991). *On Learning from the Patient*. New York: Guilford.
Coltart, N. (1992). *Slouching Towards Bethlehem*. London and New York: Free Association Books and Guilford Press.
Dicks, H. V. (1967). *Marital Tensions: Clinical Studies Towards a Psycho-analytic Theory of Interaction*. London: Routledge and Kegan Paul.
Fairbairn, W. R. D. (1944). Endopsychic structure considered in terms of object relationships. In *Psychoanalytic Studies of the Personality*, pp. 82–135. London: Routledge and Kegan Paul, 1952.
——— (1952). *Psychoanalytic Studies of the Personality*. London: Routledge and Kegan Paul. (Also published as *An Object Relations Theory of the Personality*. New York: Basic Books.)
——— (1954). Observations on the nature of hysterical states. *British Journal of Medical Psychology* 27:105–25.
——— (1958). On the nature and aims of psycho-analytical treatment. *International Journal of Psycho-Analysis* 39:374–85.
——— (1963). Synopsis of an object-relations theory of the personality. *International Journal of Psycho-Analysis* 44:224–26. Reprinted in *From Instinct to Self: Selected Papers of W. R .D. Fairbairn, vol. 1*, ed. D. E. Scharff and E. F. Birtles, pp. 155–56. Northvale, NJ: Jason Aronson.
Greenberg, J. R., and Mitchell, S. A. (1983). *Object Relations in Psychoanalytic Theory*. Cambridge, MA: Harvard University Press.
Grinberg, L., Sor, D., and Tabak de Bianchedi, E. (1975). *Introduction to the Work of Bion*, trans. A. Hahn. Strath Tay, Scotland: Clunie Press.
Grolnick, S. (1990). *The Work and Play of Winnicott*. Northvale, NJ: Jason Aronson.
Guntrip, H. (1961). *Personality Structure and Human Interaction: The Developing Synthesis of Psychodynamic Theory*. London: Hogarth Press and The Institute of Psycho-Analysis.
——— (1969). *Schizoid Phenomena, Object Relations and the Self*. New York: International Universities Press.
——— (1986). My experience of analysis with Fairbairn and Winnicott. In *Essential Papers on Object Relations*, pp. 447–68, ed. P. Buckley. New York: New York University Press.

Hamilton, N. G. (1988). *Self and Others: Object Relations Theory in Practice*. Northvale, NJ: Jason Aronson.

Heimann, P. (1950). On counter-transference. *International Journal of Psycho-Analysis* 31:81–84.

Hinshelwood, R. (1994). *Clinical Klein*. London: Free Association Books.

Hinshelwood, R. D. (1991). *A Dictionary of Kleinian Thought*. Northvale, NJ: Jason Aronson.

Hopper, E. (1991). Encapsulation as a defence against the fear of annihilation. *International Journal of Psycho-Analysis* 72(4): 607–24.

——— (2003). *The Fourth Basic Assumption in the Unconscious Life of Groups and Group-like Systems*. London: Jessica Kingsley.

Hughes, J. M. (1989). *Reshaping the Psychoanalytic Domain: The Work of Melanie Klein, W. R. D. Fairbairn & D. W. Winnicott*. Berkeley: University of California Press.

Joseph, B. (1989). *Psychic Equilibrium and Psychic Change: Selected Papers of Betty Joseph*, ed. M. Feldman and E. B. Spillius. Number 9 in The New Library of Psychoanalysis. London: Tavistock/Routledge.

Klein, M. (1935). A contribution to the psychogenesis of manic-depressive states. In *Love, Guilt and Reparation and Other Works 1921–1945*, pp. 262–89. London: Hogarth Press, 1975.

——— (1946). Notes on some schizoid mechanisms. *International Journal of Psycho-Analysis* 27:99–100. And in *Envy and Gratitude & Other Works, 1946–1963*. London: Hogarth Press and the Institute of Psycho-Analysis, 1975. New York: Dell, 1977.

——— (1948). *Contributions to Psycho-Analysis 1921–1945*. London: Hogarth Press.

——— (1952). Some theoretical conclusions regarding the emotional life of the infant. In *Envy and Gratitude and Other Works 1946–1963*, pp. 61–93. London: Hogarth Press and The Institute of Psycho-Analysis, 1975.

——— (1955). On identification. In *Envy and Gratitude and Other Works 1946–1963*, pp. 141–75. London: Hogarth Press and The Institute of Psycho-Analysis, 1975.

——— (1975). *Envy and Gratitude and Other Works 1946–1963*. London: Hogarth Press and The Institute of Psycho-Analysis, 1975.

——— (1975). *Love, Guilt and Reparation and Other Works 1921–1945*. London: Hogarth Press. Reissued 1975, Delacorte Press.

Klein, M., and Riviere, J. (1967). *Love, Hate and Reparation*. London: The Hogarth Press and The Institute of Psycho-Analysis.

Little, M. (1951). Counter-transference and the patient's response to it. *International Journal of Psycho-Analysis* 32:32–39.

BIBLIOGRAPHY

Main, T. F. (1957). The ailment. *British Journal of Medical Psychology* 30:129-45.

Meltzer, D. (1975). Adhesive identification. *Contemporary Psychoanalysis* 11:289-310.

Mitchell, S. A. (1988). *Relational Concepts in Psychoanalysis: An Integration.* Cambridge, MA: Harvard University Press.

Money-Kyrle, R. (1956). Normal counter-transference and some of its deviations. *International Journal of Psycho-Analysis* 37:360-66.

Murray, J. M. (1955). *Keats.* New York: Noonday Press.

Ogden, T. H. (1982). *Projective Identification and Psychotherapeutic Technique.* New York: Jason Aronson.

—— (1986a). Internal object relations. *The Matrix of the Mind*, pp. 131-65. Northvale, NJ: Jason Aronson.

—— (1986b). *The Matrix of the Mind.* Northvale, NJ: Jason Aronson.

—— (1989). The autistic-contiguous position. In *The Primitive Edge of Experience*, pp. 47-81. Northvale, NJ: Jason Aronson.

—— (1989). *The Primitive Edge of Experience.* Northvale, NJ: Jason Aronson.

Parsons, M. (2000). *The Dove That Returns: The Dove That Vanishes.* London: Routledge.

Phillips, A. (1988). *Winnicott.* Cambridge, MA: Harvard University Press.

Racker, H. (1968). *Transference and Countertransference.* New York: International Universities Press.

Rioch, M. (1970). The work of Wilfred Bion on groups. *Psychiatry* 3:56-65.

Rodman, F. R. (2003). *Winnicott: Life and Work.* Cambridge, MA: Perseus Books.

Sandler, J. (Ed.) (1987b). *Projection, Identification and Projective Identification.* Madison, CT: International Universities Press.

Scharff, D., and Birtles, E. (1994). *From Instinct to Self. Selected Papers of W. R. D. Fairbairn. Vol. 1. Clinical and Theoretical Papers.* Northvale, NJ: Jason Aronson.

Scharff, D. E. (1982). *The Sexual Relationship: An Object Relations View of Sex and the Family.* London: Routledge and Kegan Paul.

—— (1992). *Refinding the Object and Reclaiming the Self.* Northvale, NJ: Jason Aronson.

—— (Ed.) (1994). *Object Relations Theory and Practice.* Northvale, NJ: Jason Aronson.

Scharff, D. E., and Scharff, J. S. (1998). *Object Relations Individual Therapy.* Northvale, NJ: Jason Aronson.

Scharff, J. S. (1992). *Projective and Introjective Identification and the Use of the Therapist's Self.* Northvale, NJ: Jason Aronson.

—— (2001). Case presentation: the object relations approach. *Psychoanalytic Inquiry* 21(4): 469–82.

Scharff, J. S., and Scharff, D. E. (2000). *Tuning the Therapeutic Instrument: Affective Learning of Psychotherapy*. Northvale, NJ: Jason Aronson.

—— (Eds.) (2005). *The Legacy of Fairbairn and Sutherland*. London: Routledge.

Searles, H. (1965). *Collected Papers on Schizophrenia and Related Subjects*. New York: International Universities Press.

—— (1979). *Countertransference and Related Subjects—Selected Papers*. New York: International Universities Press.

—— (1986). *My Work with Borderline Patients*. Northvale, NJ: Jason Aronson.

Segal, H. (1964). *Introduction to the Work of Melanie Klein*. London: Heinemann.

—— (1981). *The Work of Hanna Segal*. New York: Jason Aronson.

—— (1991). *Dream, Phantasy and Art*, ed. E. B. Spillius. Number 12 in The New Library of Psychoanalysis. London: Routledge and Kegan Paul.

Shaw, M. (2002). *The Object Relations Technique: Assessing the Individual*. Manhasset, New York: O.R.T. Institute.

Skolnick, N., and Scharff, D. E. (1998). *Fairbairn, Then and Now*. New York: The Analytic Press.

Spillius, E. (1988a). *Melanie Klein Today Volume 1: Mainly Theory*, ed. E. B. Spillius. Number 7 in The New Library of Psychoanalysis. London and New York: Routledge and Kegan Paul.

—— (1988b). *Melanie Klein Today Volume 2: Mainly Practice*, ed. E. B. Spillius. Number 8 in The New Library of Psychoanalysis. London: Routledge and Kegan Paul.

—— (1991). Clinical experiences of projective identification. In *Clinical Lectures on Klein and Bion*. Ed. R. Anderson. Number 14 in New Library of Psychoanalysis. London: Routledge and Kegan Paul.

Stadter, M. (1996). *Object Relations Brief Therapy*. Northvale, NJ: Jason Aronson.

Stewart, H. (1990). Interpretation and other agents for psychic change. *International Review of Psycho-Analysis* 17:61–69.

—— (1992). *Psychic Experience and Problems of Technique*. Number 13 in The New Library of Psychoanalysis. London and New York: Routledge.

Sutherland, J. (1963). Object relations theory and the conceptual model of psychoanalysis. *British Journal of Medical Psychology* 36:109–24.

—— (1980). The British object relations theorists: Balint, Winnicott, Fairbairn, Guntrip. *Journal of the American Psychoanalytic Association* 28:829–60.

—— (1989). *Fairbairn's Journey into the Interior*. London: Free Association Press.

Tustin, F. (1980). Autistic Objects. *International Review of Psycho-Analysis* 7:27–38.
—— (1981). *Autistic States in Children*. Boston: Routledge and Kegan Paul.
—— (1984). Autistic shapes. *International Review of Psycho-Analysis* 11:279–90.
—— (1986). *Autistic Barriers in Neurotic Patients*. New Haven, CT: Yale University Press.
Winnicott, D. W. (1945). Primitive emotional development. In *Through Paediatrics to Psycho-Analysis*, pp. 145–56. London: The Hogarth Press, 1975.
—— (1951). Transitional objects and transitional phenomena. In *Through Paediatrics to Psycho-Analysis*, pp. 229–42. London: Tavistock, 1958. Reprinted by the Hogarth Press, 1975.
—— (1956). Primary maternal preoccupation. In *Through Paediatrics to Psycho-Analysis*, pp. 300–305. London: Hogarth Press, 1965.
—— (1958). *Through Paediatrics to Psycho-Analysis*. London: Tavistock, 1958. Reprinted by the Hogarth Press, 1975.
—— (1960). The theory of the parent-infant relationship. In *The Maturational Processes and the Facilitating Environment*, pp. 37–55. London: Hogarth Press, 1975.
—— (1963a). Communicating and not communicating leading to a study of certain opposites. In *The Maturational Processes and the Facilitating Environment*, pp. 179–92. London: Hogarth Press, 1975.
—— (1963b). The development of the capacity for concern. In *The Maturational Processes and the Facilitating Environment*, pp. 73–81. London: Hogarth Press, 1975.
—— (1964). *The Child, the Family and the Outside World*. London: Penguin Books.
—— (1965). *The Maturational Processes and the Facilitating Environment*. London: Hogarth Press.
—— (1971). *Playing and Reality*. London: Tavistock.

APPLICATION OF OBJECT RELATIONS THEORY TO COUPLE AND FAMILY THERAPY

Box, S. (1981). Introduction: Space for thinking in families. In *Psychotherapy with Families*, ed. S. Box et al., pp. 1–8. London: Routledge and Kegan Paul.
Box, S., Copley, B., Magagna, J., and Moustaki, E., (Eds.) (1981). *Psychotherapy with Families: An Analytic Approach*. London: Routledge and Kegan Paul.

BIBLIOGRAPHY

Dicks, H. V. (1967). *Marital Tensions: Clinical Studies Towards a Psychoanalytic Theory of Interaction.* London: Routledge and Kegan Paul.

Framo, J. (1970). Symptoms from a family transactional point of view. In *Family Therapy in Transition*, pp. 12–57, ed. N. Ackerman, J. Lieb, and J. Pearce. Boston: Little Brown.

Klein, R. S. (1990). *Object Relations and the Family Process.* New York: Praeger.

Luepnitz, D. (1988). Psychoanalytic theory as a conceptual source for feminist psychotherapy with families. Chapter 12 in *The Family Interpreted: Feminist Theory in Clinical Practice*, pp. 168–95. New York: Basic Books.

Main, T. F. (1966). Mutual projection in a marriage. *Comprehensive Psychiatry* 7:432–49.

McCormack, C. (1993). *The Borderline Marriage.* Northvale, NJ: Jason Aronson.

Ravenscroft, K. (1988). Psychoanalytic family therapy approaches to the adolescent bulaemic. In *Psychoanalytic Treatment and Theory*, ed. H. Schwartz, pp. 443–88. Madison, CT: International Universities Press.

Scharff, D. (1982). *The Sexual Relationship: An Object Relations View of Sex and the Family.* London: Routledge & Kegan Paul. Reprinted 1998, Northvale, NJ: Jason Aronson.

—— (1992). *Refinding the Object and Reclaiming the Self.* Northvale, NJ: Jason Aronson.

—— (Ed.) (1996). *Object Relations Theory and Practice.* Northvale, NJ: Jason Aronson.

—— (2003). Couple and Family Therapy. Special issue. *Journal of Applied Psychoanalytic Studies* 1(3).

Scharff, D. and Scharff, J. (in press). *Treating Relationships.* Greenbelt, MD: Rowman and Littlefield.

Scharff, D., and Scharff, J. S. (1987). *Object Relations Family Therapy*, Northvale, NJ: Jason Aronson.

—— (1991). *Object Relations Couple Therapy.* Northvale, NJ: Jason Aronson.

Scharff, D. E., and Scharff, J. S. (2003). Using dreams in treating couples sexual issues. *Psychoanalytic Inquiry* 24(3): 468–82.

Scharff, J. S. (1989a). Play: an aspect of the therapist's holding capacity. In *Foundations of Object Relations Family Therapy*, pp. 447–61, ed. J. Scharff. Northvale, NJ: Jason Aronson.

—— (Ed.) (1989b). *Foundations of Object Relations Family Therapy.* Northvale, NJ: Jason Aronson.

—— (1992). *Projective and Introjective Identification and the Use of the Therapist's Self.* Northvale, NJ: Jason Aronson.

BIBLIOGRAPHY

—— (1995). Psychoanalytic marital therapy. In *Clinical Handbook of Couple Therapy*, ed. N. Jacobson and A. Gurman, pp. 164–93. New York: Guilford.

—— (2003). Play in family therapy with young children. *International Journal of Applied Psychoanalytic Studies* 1(3): 259–68.

Scharff, J. S., and Bagnini, C. (2002). Object relations couple therapy. In *Clinical Handbook of Couple Therapy Vol. 3*, ed. A Gurman and N. Jacobson, pp. 59–86. New York: Guildford.

—— (2003). Narcissistic disorder. *Treating Emotional, Behavioral, and Health Problems in Couple Therapy*, ed. D. K. Snyder and M. A. Whisman, pp. 285–307. New York: Guildford.

Scharff, J. S., and Scharff, D. E. (1994). *Object Relations Therapy of Physical and Sexual Trauma*. Northvale, NJ: Jason Aronson.

—— (1997). Object relations couple therapy. *American Journal of Psychotherapy* 51(2): 141–73.

—— (1998). *Object Relations Individual Therapy*. Northvale, NJ: Jason Aronson.

—— (2003). Object-relations and psychodynamic approaches to couple and family therapy. In *Handbook of Family Therapy*, ed. T. Sexton, G. Weeks, and M. Robbins, pp. 59–81. New York: Brunner-Routledge.

Scharff, J. S., and Varela, Y. de (2000). Object relations therapy. In *Comparative Treatments for Relationship Dysfunction*, ed. F. Dattilio and L. Bavilacqua, pp. 81–101. New York: Springer.

Shapiro, R. L. (1979). Family dynamics and object relations theory: an analytic group-interpretive approach to family therapy. In *Foundations of Object Relations Family Therapy*, ed. J. S. Scharff, pp. 225–58. Northvale, NJ: Jason Aronson.

Stadter, M., and Scharff, D. E. (2000). Object relations brief therapy. In *Brief Therapy with Individuals and Couples*, ed. J. Carlson and L. Sperry. Phoenix, AZ: Zeig, Tucker, and Theisen.

Stierlin, H. (1977). *Psychoanalysis and Family Therapy*. New York: Jason Aronson.

Symington, J., and Symington, N. (1996). *The Clinical Thinking of Wilfred Bion*. London and New York: Routledge.

Williams, A. H. (1981). The micro-environment. In *Psychotherapy with Families*, ed. S. Box et al., pp. 105–19. London: Routledge and Kegan Paul.

Winer, R. (1989). The role of transitional experience in development in healthy and incestuous families. In *Foundations of Object Relations Family Therapy*, ed. J. S. Scharff, pp. 357–84. Northvale, NJ: Jason Aronson.

Wright, K. (1991). *Vision and Separation between Mother and Baby.* Northvale, NJ: Jason Aronson.

Zinner, J. (1976). The implications of projective identification for marital interaction. In *Contemporary Marriage; Structure, Dynamics, and Therapy,* ed. H. Grunebaum and J. Christ, pp. 293–308. Boston: Little, Brown. Also published in *Foundations of Object Relations Family Therapy,* ed. J. Scharff, pp. 155–73. Northvale, NJ: Jason Aronson.

Zinner, J., and Shapiro, R. (1972). Projective identification as a mode of perception and behavior in families of adolescents. *International Journal of Psycho-Analysis* 53:523–30. Also in *Foundations of Object Relations Family Therapy,* ed. J. S. Scharff, pp. 109–26. Northvale, NJ: Jason Aronson.

——— (1985). The use of concurrent therapies: therapeutic strategy or reenactment? In *Foundations of Object Relations Family Therapy,* ed. J. S. Scharff, pp. 321–33. Northvale, NJ: Jason Aronson.

INTEGRATION OF OBJECT RELATIONS THEORY WITH OTHER APPROACHES

Bacall, H. A., and Newman, K. M. (1990). *Theories of Object Relations: Bridges to Self Psychology.* New York: Columbia University Press.

Fosshage, J. (issue ed.) (2001). Perspectives on an object relations clinical presentation: The process of change. *Psychoanalytic Inquiry* 21(4): 467–552.

Greenberg, J. R., and Mitchell, S. A. (1983). *Object Relations in Psychoanalytic Theory.* Cambridge, MA: Harvard University Press.

Mitchell, S. A. (1988). *Relational Concepts in Psychoanalysis: An Integration.* Cambridge, MA: Harvard University Press.

Slipp, S. (1984). *Object Relations: A Dynamic Bridge between Individual and Family Treatment.* New York: Jason Aronson.

——— (1988). *Theory and Practice of Object Relations Family Therapy.* Northvale, NJ: Jason Aronson.

AMERICAN OBJECT RELATIONS THEORY

Grotstein, J. (1982). *Splitting and Projective Identification.* New York: Jason Aronson.

Jacobson, E. (1954). The self and the object world: vicissitudes of their infantile cathexes and their influence on ideational and affective development. *Psychoanalytic Study of the Child* 9:75–127.

——— (1965). *The Self and the Object World*. London: Hogarth Press.
Kernberg, O. F. (1975). *Borderline Conditions and Pathological Narcissism*. New York: Jason Aronson.
——— (1976). *Object Relations and Clinical Psychoanalysis*. New York: Jason Aronson.
——— (1980). *Internal World and External Reality*. New York: Jason Aronson.
——— (1987). Projection and projective identification: developmental and clinical aspects. In: *Projection, Identification, Projective Identification*, ed. J. Sandler, pp. 93–115. Madison, CT: International Universities Press.
——— (1991). Aggression and love in the relationship of the couple. *Journal of the American Psychoanalytic Association* 39:45–70.
Mahler, M. (1968). *On Human Symbiosis and the Vicissitudes of Individuation*. New York: International Universities Press.
Mahler, M., Pine, F., and Bergman, A. (1975). *The Psychological Birth of the Human Infant: Symbiosis and Individuation*. New York: Basic Books.
Masterson, J. (1981). *The Narcissistic and Borderline Disorders: An Integrated Developmental Approach*. New York: Bruner/Mazel.
Meissner, W. W. (1987). Projection and projective identification. In *Projection, Identification, Projective Identification*, ed. J. Sandler, pp. 27–49. Madison, CT: International Universities Press.
Rinsley, D. (1982). *Borderline and Other Self Disorders*. Northvale, NJ: Jason Aronson.
Sandler, J. (1980). *Internal World and External Reality: Object Relations Theory Applied*. New York: Jason Aronson.
——— (1987a). Projection and projective identification. In *Projection, Identification, Projective Identification*, ed. J. Sandler, pp. 93–115. Madison, CT: International Universities Press.
——— (Ed.) (1987b). *Projection, Identification, Projective Identification*. Madison, CT: International Universities Press.
Volkan, V. (1976). *Primitive Internalized Object Relations*. New York: International Universities Press.

TRANSFERENCE AND COUNTERTRANSFERENCE

Heimann, P. (1950). On counter-transference. *International Journal of Psycho-Analysis* 31:81–84.
Jacobs, T. J. (1991). *The Use of the Self*. Madison, CT: International Universities Press.

Racker, H. (1968). *Transference and Countertransference.* New York: International Universities Press.

Scharff, J., and Scharff, D. (1998). Geography of the transference. In *Object Relations Individual Therapy*, pp. 242–81. Northvale, NJ: Jason Aronson.

Searles, H. (1979). *Countertransference and Related Subjects: Selected Papers.* New York: International Universities Press.

—— (1986). *My Work with Borderline Patients.* Northvale, NJ: Jason Aronson.

SELF PSYCHOLOGY THEORY APPLIED TO INDIVIDUALS AND COUPLES

Kohut, H. (1971). *The Analysis of the Self.* New York: International Universities Press.

—— (1977). *The Restoration of the Self.* New York: International Universities Press.

—— (1982). Introspection, empathy, and the semi-circle of mental health. *International Journal of Psycho-Analysis* 63:395–407.

Lansky, M. (1981). Treatment of the narcissistically vulnerable marriage. In *Family Therapy and Major Psychopathology*, ed. M. Lansky, pp. 163–82. New York: Grune and Stratton.

Solomon, M. (1989). *Narcissism and Intimacy.* New York: Norton.

FREUDIAN THEORY

Breuer, J., and Freud, S. (1895). Studies on hysteria. *Standard Edition* 2.

Erwin, E. (2002). *The Freud Encyclopedia.* London and New York: Routledge.

Freud, A. (1946). The ego's defensive operations. In *The Ego and the Mechanisms of Defense*, pp. 30–70. New York: International Universities Press.

Freud, S. (1895). The psychotherapy of hysteria. *Standard Edition* 2:253–305.

—— (1900). The interpretation of dreams. *Standard Edition* 4:150–51.

—— (1901a). The psychopathology of everyday life. *Standard Edition* 6:53–105.

—— (1901b). On dreams. *Standard Edition* 5:633–86.

—— (1905a). Fragment of an analysis of a case of hysteria. *Standard Edition* 7:7–122.

—— (1905b). Three essays on the theory of sexuality. *Standard Edition* 7:135–243.

——— (1910a). The future prospects of psycho-analytic therapy. Five lectures on psychoanalysis. *Standard Edition* 11:141–51.
——— (1910b). A special type of object choice made by men. *Standard Edition* 11:165–75.
——— (1911). Formulations on the two principles of mental functioning. *Standard Edition* 12:213–26.
——— (1912). Recommendations to physicians practicing psychoanalysis. *Standard Edition* 12:111–20.
——— (1914). Remembering, repeating and working through. *Standard Edition* 12:147–56.
——— (1915a). Repression. *Standard Edition* 14: 46–58.
——— (1915b). Observations on transference love. *Standard Edition* 12:159–71.
——— (1915c). The unconscious. *Standard Edition* 14:166–204.
——— (1917a). Mourning and melancholia. *Standard Edition* 14:243–58.
——— (1917b). Transference. *Standard Edition* 16:431–47.
——— (1917c). Resistance and repression. *Standard Edition* 16:286–302.
——— (1920). Beyond the pleasure principle. *Standard Edition* 18:7–64.
——— (1921). Group psychology and the analysis of the ego. *Standard Edition* 18:67–143.
——— (1923). The ego and the id. *Standard Edition* 19:12–66.
——— (1924). The dissolution of the Oedipus complex. *Standard Edition* 19:173–79.
——— (1930). Civilization and its discontents. *Standard Edition* 21:64–145.
——— (1933). New introductory lectures on psycho-analysis. *Standard Edition* 22:3–182.
——— (1940). An outline of psychoanalysis. *Standard Edition* 23:144–207.
Scharff, D. E. (Ed.) (2001). *The Psychoanalytic Century: Freud's Legacy for the Future.* New York: Other Press.

ATTACHMENT THEORY

Ainsworth, M. D. S., Blehar, M. C., Waters, E., and Wall, S. (1978). *Patterns of Attachment: A Psychological Study of the Strange Situation.* Hillsdale, NJ: Lawrence Erlbaum.
Bowlby, J. (1969). *Attachment and Loss, Volume I.* New York: Basic Books.
Clulow, C. (2001). *Adult Attachment and Couple Psychotherapy.* London: Routledge.

Fisher, J., and Crandell, L. (1997). Complex attachment: patterns of relating in the couple. *Sexual and Marital Therapy* 12(3): 211–23.

Fonagy, P. (2001). *Attachment Theory and Psychoanalysis.* New York: Other Press.

Kirkpatrick, L. A., and Davis, K. E. (1994). Attachment style, gender, and relationship stability: a longitudinal analysis. *Journal of Personality and Social Psychology* 66:502–12.

Main, M., and Goldwyn, R. (in press). Interview based adult attachment classification: related to infant-mother and infant-father attachment. *Developmental Psychology.*

Morrison, T., Urquiza, A. J., and Goodlin-Jones, B. (1997a). Attachment and the representation of intimate relationships in adulthood. *Journal of Psychology* 131:57–71.

—— (1997b). Attachment, perceptions of interaction, and relationship adjustment. *Journal of Social and Personal Relationships* 14:627–42.

Slade, A. (1996). Attachment theory and research: implications for the theory and practice of individual psychotherapy. *Handbook of Attachment Theory and Research,* ed. J. Cassidy and P. R. Shaver. New York: Guilford.

Sroufe, L. A., and Fleeson, J. (1986). Attachment and the construction of relationships. In *Relationships and Development,* pp. 51–71. Hillsdale, NJ: Lawrence Erlbaum.

Stern, D. (1985). *The Interpersonal World of the Infant.* New York: Basic Books.

Suomi, S. J. (1994). Influence of attachment theory on ethological studies of biobehavioral development in nonhuman primates. In *Attachment Theory: Social, Developmental, and Clinical Perspectives,* ed. S. Goldberg, R. Muir, and J. Kerr, pp. 185–200. Hillsdale, NJ: Analytic Press.

CHAOS THEORY

Bertalanffy, L. von (1950). The theory of open systems in physics and biology. *Science* 111:23–29.Hillsdale, NJ: Lawrence Erlbaum.

Briggs, J. (1992). *Fractals: The Patterns of Chaos.* New York: Touchstone.

Field, M., and Golubitsky, M. (1992). *Symmetry in Chaos: A Search for Pattern in Mathematics, Art and Nature.* New York: Oxford University Press.

Galatzer-Levy, R. (1995). Psychoanalysis and chaos theory. *Journal of the American Psychoanalytic Association.* 43:1095–113.

Garland, C. (Ed.) (1998). *Understanding Trauma.* London: Duckworth.

Gleick, J. (1987). *Chaos.* New York: Viking Penguin.

Grotstein, J. (1990). Nothingness, meaninglessness, chaos and the "black hole": II The black hole. *Contemporary Psychoanalysis:* 26(3): 377–407.

Moran, M. (1991). Chaos and psychoanalysis: the fluidic nature of mind. *International Review of Psycho-Analysis* 18:211–221.

Palumbo, S. (1999). *The Emergent Ego.* Madison, CT: International Universities Press.

Prigogine, I. (1976). Order through fluctuation: self-organization and social system. In *Evolution and Consciousness: Human Systems in Transition,* ed. C. H. Waddington and E. Jantsch, pp. 93–126, 130–33. Reading, MA: Addison-Wesley.

Quinodoz, J.-M. (1997). Transition in psychic structures in the light of deterministic chaos theory. *International Journal of Psycho-Analysis* 78(4): 699–718.

Scharff, J., and Scharff, D. (1998). Chaos theory and fractals in development, self and object relations, and transference. In *Object Relations Individual Therapy,* pp. 153–82. Northvale, NJ: Jason Aronson.

OTHER RELEVANT CONTRIBUTIONS

Alanen, Y., Vehtinen, V., Lehtinen, K., Aaltonen, J., and Räkköläinen,V. (2000). The Finnish integrated model for early treatment of schizophrenia and related psychoses. In *Psychosis. Psychological Approaches and Their Effectiveness: Putting Psychotherapies at the Centre of Treatment,* ed. B. Martindale, A. Bateman, M. Crowe, and F. Margison, pp. 235–66. London: Gaskell.

Benjamin, L. S. (1996). *Interpersonal Diagnosis and Treatment of Personality Disorders.* New York: Guildford.

Birtchnell, J. (1993). The interpersonal octagon. In *How Humans Relate: A New Interpersonal Theory,* pp. 215–29. Westport, CT: Prager.

Bollas, C., and Sundelson, D. (1995). *The New Informants.* Northvale, NJ: Jason Aronson.

Chodorow, N. (1978). *The Reproduction of Mothering.* Berkeley: University of California Press.

Cozolino, L. (2002). *The Neuroscience of Psychotherapy: Building and Rebuilding the Human Brain.* New York: W. W. Norton.

Dare, C. (1986). Psychoanalytic marital therapy. In *Clinical Handbook of Marital Therapy,* ed. N. S. Jacobson and A. S. Gurman, pp. 13–28. New York: Guilford Press.

Erikson, E. (1950). The eight ages of man. In *Childhood and Society,* pp. 247–74. New York: Norton. Revised paperback edition, 1963.

BIBLIOGRAPHY

Fonagy, P., Gÿorgy, G., Jurist, E. L., and Target, M. (2003). *Affect Regulation, Mentalization and the Development of the Self.* New York: Other Press.

Foulkes, S. H. (1948). *Introduction to Group-Analytic Psychotherapy: Studies in the Social Integration of Individuals and Groups.* London: Heinemann. Reprinted London: Maresfield Reprints, 1983.

Gilligan, C. (1982). *In a Different Voice: Psychological Theory and Women's Development.* Cambridge: Harvard University Press.

Glassgold, J. M., and Iasenza, S. (Eds.) (1995). *Lesbians and Psychoanalysis: Revolutions in Theory and Practice.* New York: Free Press.

Kaplan, H. S. (1974). *The New Sex Therapy: Active Treatment of Sexual Dysfunctions.* New York: Brunner/Mazel.

Langs, R. (1976). *The Therapeutic Interaction. Vol. 2: A Critical Overview and Synthesis.* New York: Jason Aronson.

Levine, S. (1992). *Sexual Life: A Clinician's Guide.* New York: Plenum.

Magagna, J. (Ed.) (in press). *Intimate Transformations.* London: Karnac.

Masters, W. H., and Johnson, V. E. (1970). *Human Sexual Inadequacy.* Boston: Little, Brown.

McDougall, J. (1989). *Theaters of the Body: A Psychoanalytic Approach to Psychosomatic Illness.* New York: Norton.

—— (1995). *The Many Faces of Eros: A Psychoanalytic Exploration of Human Sexuality.* New York: Norton.

Miller, J. B. (1991). The development of women's sense of self. In *Women's Growth in Connection: Writings from the Stone Center,* pp. 11–26. New York: Guilford.

Sachs, H. (1923). On the genesis of sexual perversions. *Internationale Zeitschrift für Psychoanalyse* 9:172–82, trans. H. F. Bernays, New York Psychoanalytic Library, 1964, as quoted in C. W. Socarides, "Homosexuality," in *The American Handbook of Psychiatry,* vol. 3., 2nd rev. ed., ed. S. Arieti and E. B. Brody, pp. 292–315. New York: Basic Books, 1974.

Scharff, J., and Scharff, D. (1998). Clinical relevance of research: object relations testing, neural development, and attachment theory. In *Object Relations Individual Therapy,* pp. 117–51. Northvale, NJ: Jason Aronson.

—— (2000). *Tuning the Therapeutic Instrument: Affective Learning of Psychotherapy.* Northvale, NJ: Jason Aronson.

Schore, A. (1994). *Affect Regulation and the Origin of the Self: The Neurobiology of Emotional Development.* Hillsdale, NJ: Lawrence Erlbaum.

Schore, A. N. (2003a). *Affect Dysregulation and Disorders of the Self.* New York: Norton.

—— (2003b). *Affect Regulation and Repair of the Self.* New York: Norton.

Selvini Palazolli, M. (1974). *Self-starvation: From the Intrapsychic to the Transpersonal Approach to Anorexia Nervosa.* Milan: Feltrinelli.

Siegel, D. J. (1999). *The Developing Mind: Toward a Neurobiology of Interpersonal Experience.* New York: Guilford.

Stanton, A. H., and Schwartz, M. (1954). *The Mental Hospital.* New York: Basic Books.

Strachey, J. (1934). The nature of the therapeutic action of psychoanalysis. *International Journal of Psycho-Analysis* 15:127–59.

Tomkins, S. S. (1995). *Exploring Affect: The Selected Writings of Silvan S. Tomkins,* ed. E. V. Demos. Cambridge, England: Cambridge University Press.

Westen, D. W. (1990). Towards a revised theory of borderline object relations: Contributions of empirical research. *International Journal of Psycho-Analysis* 71:661–93.

Williams, G. (1984). Reflections on infant observation and its applications. *Journal of Analytical Psychology* 29:155–69.